199種健康早餐

目錄 CONTENTS

目錄 CONTENTS

Introduction

Afternoon Tea

一天的活力泉源，
就從健康營養的
早餐開始！

　　一日之計在於晨，或許你趕著上班、上學，常常忽略了這一天中最重要的一餐。沒關係，我們特地收錄了199種早餐，傳統中式、便利西式、美味日韓南洋風味早餐，這裡通通都有。其實做早餐可以很快速簡單，利用剩菜剩飯或是垂手可得的食材，就能變化出經濟實惠的健康早餐。週末假日時間多些的話，也可以用心製作出很豐盛的營養早餐，全家大小起享用和樂融融。

　　本書將早餐分類為中式早餐、西式早餐、日韓南洋式早餐；而為了重視養生風潮的你，也特地規劃了一週低卡早餐；　還有超實用的麵包抹醬，讓你就算每天早上吃土司、貝果也能吃得多采多姿。此外，早餐必備的飲料也幫你準備好囉！總之，有了本書，早餐天天換花樣一點都不煩惱～

50種
中式早餐

一天的早晨，就從台灣人最愛
的傳統媽媽味開始！

煮好飯，做好飯糰！

◎混搭米的搭配比例

　　除了製作傳統原味飯糰使用長糯米、日式飯糰用一般白米之外，還可以用五穀米、糙米、燕麥、紫米為主原料做成飯糰，此時要與圓糯米以適當比例混合搭配，藉由糯米獨持的黏與香味，使米粒黏實。如果比例不對、黏性不足，飯糰可成不了型哦！因此，依照不同米種的混合搭配比例就會不一樣。

紫米混搭比例　五穀米混搭比例　糙米混搭比例　燕麥混搭比例

▲ 圓糯米：紫米 1：2　▲ 圓糯米：五穀米 1：1.5~2　▲ 圓糯米：糙米 1：1.5~2　▲ 圓糯米：燕麥 1：2

◎混搭飯的煮製法

　　想要製作出不同口味的飯糰，除了飯糰餡料的呈現不同之外，製作飯糰的米飯也可以做出不同的變化。利用不同的米種相互混搭煮製，就成了混搭飯，因此飯糰就能在口感上呈現出豐富的層次感，例如：紫米混搭飯，就適合做鮪魚、丸子、肉鬆飯糰，五穀混搭飯適合做玉米、滷蛋、酸菜飯糰，不論想品嚐哪種口味，都能得到滿足哦！

燕麥混搭飯

[材料]
燕麥1杯、圓糯米2杯

[作法]
1 燕麥洗淨後，浸泡於水中6小時後撈起瀝乾水份。
2 圓糯米洗淨後，浸泡於水中3小時後撈起瀝乾水份。
3 將燕麥和圓糯米混合拌勻後，放入木桶內蒸約15～20分鐘蒸熟即可。

五穀混搭飯

[材料]
五穀米1杯、圓糯米2杯

[作法]
1 五穀米洗淨後，浸泡於水中5小時後撈起瀝乾水份。
2 圓糯米洗淨後，浸泡於水中3小時後撈起瀝乾水份。
3 將五穀米和圓糯米混合拌勻後，放入木桶內蒸約15～20分鐘蒸熟即可。

長糯米飯

[材料]
長糯米………3杯

[作法]
1 長糯米洗淨後，浸泡於水中5小時後撈起瀝乾水份。
2 將長糯米放入木桶內蒸約15～20分鐘蒸熟即可。

糙米混搭飯

[材料]
糙米1杯、圓糯米2杯

[作法]
1 糙米洗淨後，浸泡於水中6小時後撈起瀝乾。
2 圓糯米洗淨後，浸泡於水中3小時後撈起瀝乾水份。
3 將糙米和圓糯米混合拌勻後，放入木桶內蒸約15～20分鐘蒸熟即可。

紫米混搭飯

[材料]
紫米…………1杯
圓糯米………2杯

[作法]
1 紫米洗淨後，浸泡於水中6小時後撈起瀝乾水份。
2 圓糯米洗淨後，浸泡於水中3小時後撈起瀝乾水份。
3 將紫米和圓糯米混合拌勻後，放入木桶內蒸約15～20分鐘蒸熟即可。

備註：1杯米量約150公克。

> 想做出好吃的飯糰，先得從煮好飯開始，現在就讓我們看看，煮一鍋好飯有那些一定要知道的秘訣吧！

◎浸泡時間

各種米在以適當比例混搭均勻前，需各別浸泡一段時間，讓米粒吸飽水份、質地變軟，這樣蒸煮的時候才容易熟成，因此如果不經浸泡就直接洗米再蒸煮，那麼一些質地較硬的米類，例如：紫米、燕麥等，可能就較為不易煮熟或者需耗時更久，因此米

類的浸泡時間就要視其特 來決定浸泡時間的長短，例如：紫米、燕麥等質地較硬的米類，約可事先浸泡6小時，而五穀米等軟硬不均的米類，則可以事先浸泡4～6小時，糙米浸泡約4～6小時，長糯米浸泡約5小時，圓糯米浸泡約3小時。

注意：
浸米時應注意水量多寡，水面應略高於米面2、3公分，避免吸水膨脹的米因為高出水面而無法浸泡完全。

◎洗米的步驟

使用可以瀝乾水份的篩鍋盛米，外面再加一個裝水的外鍋，將水倒入內層的篩鍋，輕輕攪拌米粒後，瀝掉濁水，再重複上述動作清洗一次，瀝乾水份之後，將水和米以適當比例放入鍋中，即可炊煮。

> 若以木桶煮飯，將米倒入桶中時應注意要慢慢輕倒，以免米粒下沖速度太快、數量太多，塞住木桶底部的孔隙，影響煮飯的效果。

◎用木桶煮好飯

以木桶蒸飯，作法與蒸籠類似，將桶放於炒鍋中，將水倒入鍋內，並將洗好並瀝乾水份後的米輕緩倒入桶中，蓋上蓋子，開中大火開始蒸煮。蒸煮過程，需注意翻 與加水，這兩個動作是煮成好飯的重要關鍵。

翻

木桶蒸飯與電鍋煮飯最大差異，主要是木桶蒸飯需要觀察米粒受熱情況的變化，開始蒸煮後約7、8分鐘後，可以飯匙翻攪一次桶內的飯，使上下受熱均勻。

加水（熱水）

由於木桶有吸收水份的特性，在蒸煮過程中，需適時添加水份，使煮出來的飯不會太乾，通常在開始蒸飯15～20分鐘內（依先前浸泡時間長短而有差異，若浸泡時間足夠，可縮短時間）添第一次水，之後再看米粒狀況，自行添加2～3次。

◎用電鍋&
　電子鍋煮好飯

電鍋、電子鍋是一般家庭常用的煮飯工具，以電傳導熱力，使米飯在熱氣對流的環境中煮熟，有定時裝置，按下開關後，等它自動煮熟即成，十分方便。但是它們都是從鍋底加熱，所以比較會有受熱不均勻的問題，造成最下層的米飯太黏、彈 不足，上層米飯太乾，只有中間米飯軟硬適中的缺點。因此飯煮好後，不要急著打開，要再經過「燜」的步驟，讓飯留在鍋中10分鐘，才會好吃。

電鍋有內、外鍋設計，以隔水加熱的方式煮飯，能使熱力均勻散佈，操作容易，比較需要注意的是加水量。加水量會影響到軟硬度。

煮一般的糯米、白米洗完米瀝乾後的加水量約1：0.8～1（米：水），外鍋加入約200cc的水（約1杯）；若煮的是糙米，一樣瀝乾後，加水量約1：1.2～1.5倍，外鍋加水約400cc（約1杯）。若是做飯糰的混搭米，可依個人喜好，增減水量，調整軟硬度。

飯糰餡料的五大天王

食譜示範：楊曉珠

食譜示範：楊曉珠

炒蘿蔔乾

材料
蘿蔔乾300公克、蒜頭2粒、辣椒1條、油2大匙

調味料
細砂糖1大匙

作法

1. 蘿蔔乾洗淨，浸泡於水中約5分鐘後撈起瀝乾水份；蒜頭、辣椒切末備用。
2. 熱一乾鍋，放入作法1的蘿蔔乾於乾鍋中，以小火炒到蘿蔔乾的水份乾後盛起備用。
3. 另取一鍋，放入2大匙的油於鍋內後，放入作法1的蒜末爆香，再加入作法2的蘿蔔乾和作法1的辣椒末炒至香味溢出，最後再加入細砂糖一起拌炒均勻即可。

從市場買回來的蘿蔔乾可以直接與其它食材一起拌炒，但蘿蔔乾先經過乾炒，不僅能炒掉水份，更能散發出濃烈的香氣，使得飯糰的風味更佳。

炒酸菜

材料
酸菜300公克、辣椒1條、薑末1小匙、油2大匙

調味料
細砂糖2大匙

作法

1. 酸菜浸泡於水中約5~15分鐘後撈起瀝乾水份；辣椒切末備用。
2. 熱一乾鍋，放入作法1的酸菜於乾鍋內，以小火炒到酸菜的水份至乾後盛起備用。
3. 另取一鍋，放入2大匙的油於鍋內後，再放入薑末爆香，再加入作法2的酸菜和細砂糖、作法1的辣椒末，一起拌炒至細砂糖溶解、香味溢出即可。

市售酸菜，有些為了賣相好看，都會略微添加色素，而使顏色更黃，因此品質良莠不齊，一般消費者較為不易辨識，所以建議可選 客家酸菜，它的顏色較深，價格也會略高於一般酸菜。而酸菜買回來後，可以視鹹度的多寡來決定浸泡在水中的時間，這是為了達到去除掉鹹味的目的。

炒雪裡紅

材料

雪菜	150公克
辣椒	1支
糖	1/2大匙

作法
1. 雪菜切 丁狀，汆燙一下後撈起瀝乾；辣椒去籽切絲，備用。
2. 鍋燒熱，將雪菜放入炒除水分後盛起備用，原鍋倒入適量食用油，放入糖煮勻，再放入雪菜、辣椒絲拌炒入味，即為雪裡紅。

食譜示範：張瑞文

蔥花蛋

食譜示範：楊曉珠

材料	調味料
蛋2顆、蔥1支、油3大匙	鹽1/2小匙、酒1/2小匙、雞粉1/4小匙

作法
1. 蔥切成蔥花；蛋打散成蛋液後加入所有的調味料及蔥花拌勻備用。
2. 熱一鍋，放入3大匙的油於鍋內燒熱後，加入作法1的蔥花蛋液，煎至外觀呈金黃色澤且有香味溢出即可。

1

烹調前鍋子需先預熱，預防蛋液倒入後沾鍋。製作蛋液時，可以加入少許的酒，有去除腥味、增添香氣的作用。

炸油條

食譜示範：楊曉珠

材料

市售油條	2條
油	適量

作法
1. 取一鍋，放入適量的油量於鍋內後，以中火將油溫燒熱至約170℃。
2. 再將市售油條放入作法1的熱油鍋中，油炸至油條顏色變深，開始吸油、孔洞變 有酥脆感後撈起，再用剪刀分成約5公分長的小段狀即可。

1

油溫的測試，可以取1小段的蔥段丟入油鍋內，如果蔥段在2～3秒就浮起，那就表示已達到可油炸油條的溫度了。

捏製中式飯糰超 Easy

想要有一個緊實渾厚的好吃飯糰，包捲技巧可不能輕易就忽視了喔！米飯該怎麼平舖？飯糰該怎麼包捲？力氣該怎麼施壓？這些不起眼的小動作，卻攸關著一個完美飯糰的呈現，稍一不小心，你的飯糰可是會露餡而米飯可是會遭到分解的慘況命運喔！

1 用飯匙挖取適量的米飯放置於棉布袋上。

2 再使用飯匙將米飯輕輕的壓整均勻成一片。

3 將炒過的蘿蔔乾、酸菜依序放進在作法2的米飯上，並將餡料平攤放在米飯上。

4 接著放入肉鬆於作法3中，最後再將油條擺入。

5 將作法4的半成品朝左右兩側向內擠壓並包捲在一起。

6 再將作法5的半成品轉換方向後，朝左右兩側向內擠壓包捲，讓餡料可以完全包進米飯中。

7 將作法6連同米飯和棉布袋一起向內包捲，並略施力氣將米飯壓捲緊實。

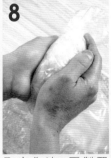

8 取出作法7壓製緊實的米飯放進塑膠袋中，再用手稍加捏製成橢圓長形即可。

食譜示範：楊曉珠

食譜示範：楊曉珠

01. 中式飯糰

材料
長糯米飯1碗、蘿蔔乾8公克、酸菜8公克、肉鬆10公克、油條1小段

作法
1. 用飯匙挖取適量的糯米飯放置於棉布袋上，再使用飯匙將糯米飯輕輕的壓整均勻成一片。
2. 再將炒過的蘿蔔乾、酸菜依序放進在作法1的糯米飯上，並將餡料平攤放在糯米飯上，接著放入肉鬆，最後再將油條擺入。
3. 將作法2的半成品朝左右兩側向內擠壓並包捲在一起，轉換方向後，再朝左右兩側向內擠壓包捲，讓餡料可以完全包進糯米飯中。
4. 將作法3連同糯米飯和棉布袋一起向內包捲，並略施力氣將糯米飯壓捲緊實，取出放進塑膠袋中，再用手稍加捏製成橢圓長形即可。

02. 甜味飯糰

材料
長糯米飯1碗、酸菜15公克、原味花生粉1大匙、細砂糖少許、芝麻少許、油條1小段

作法
1. 酸菜炒過備用；原味花生粉與細砂糖一起拌勻後，即成為花生糖粉備用。
2. 取出1碗的長糯米飯平鋪在棉布袋上面後，再將花生糖粉均勻的平鋪在長糯米飯上面。
3. 繼續依序放入作法1的酸菜、芝麻、油條後，再包捲捏製成橢圓形飯糰即可。

早餐 · Tips
花生糖粉可選購市售已經加入糖粉的較為方便，但如果購買的是原味花生粉，那可以自己用細砂糖：花生粉約1：2的比例混拌方式，自製花生糖粉。

15

03. 肉鬆飯糰

材料

紫米混搭飯..... 1碗（請參考P.10）
肉鬆................................ 12公克
蘿蔔乾.............................. 8公克
油條.................................. 1小段

作法

1. 取1碗紫米混搭飯平舖在棉布袋上面，再將肉鬆均勻的平舖在前述的混搭飯上面。
2. 接著依序放入蘿蔔乾、油條後，再包捲捏製成橢圓形飯糰即可。

備註：製作肉鬆的過程中，麵粉加的多，看來較不蓬鬆，有沈重感，但風味較差，價格也比較便宜。

食譜示範：楊曉珠

04. 酸菜飯糰

材料

五穀混搭飯 1碗（請參考P.10）
炒酸菜............................ 12公克
滷蛋............................... 1/6片
油條...............................1小段
香菜................................. 少許

作法

取出1碗的五穀混搭飯平舖在棉布袋上面，再依序放入酸菜、滷蛋、油條、香菜後，再包捲捏製成橢圓形飯糰即可。

食譜示範：楊曉珠

05. 綜合飯糰

材料

長糯米飯..... 120公克	玉米....................少許
魚鬆................少許	鮪魚....................少許
蘿蔔乾.............少許	油條..............1小段
炒酸菜.............少許	

作法

1. 將長糯米飯平舖在棉花布袋上面後，再將魚鬆均勻的平舖在長糯米飯上。
2. 在作法1的材料上依序放入蘿蔔乾、酸菜、玉米、鮪魚、油條後，包捲捏成製成橢圓形飯糰即可。

食譜示範：楊曉珠

06. 辣菜脯蔥花蛋飯糰

材料

A 加鈣白米飯.............. 120公克
B 辣菜脯.............................1大匙
　炒酸菜.............................1大匙
　雪裡紅.............................1大匙
　蔥花蛋.............................1小片
　油條.................................1小段

作法

取120公克加鈣白米飯，平鋪於裝有棉布的塑膠袋上，依序放入材料B的食材，捏緊整成長橢圓型的飯糰，並略施力氣，壓捲緊實即可。

食譜示範：張瑞文

07. 肉鬆滷蛋飯糰

材料

A 白米1杯、十穀米1杯
B 辣菜脯1大匙、炒酸菜1大匙、雪裡紅1大匙、肉鬆1大匙、滷蛋1/2顆

作法

1. 白米洗淨、瀝乾；十穀米洗淨、泡溫水2小時，備用。
2. 將作法1混合並加入2杯水，入鍋依一般煮飯方式煮至電鍋開關跳起，再燜約10分鐘，即為十穀米飯。
3. 取120公克作法2煮好的十穀米飯，平鋪於裝有棉布的塑膠袋上，依序放入材料B的食材，捏緊整成長橢圓型的飯糰，並略施力氣，壓捲緊實即可。

食譜示範：張瑞文

08. 鮪魚酸菜飯糰

材料

A 紫米40公克、黑豆30公克、白米2杯
B 辣菜脯1大匙、炒酸菜1大匙、雪裡紅1大匙、罐頭鮪魚1大匙、蔥花蛋1小片、油條1小段

作法

1. 紫米洗淨泡溫水2小時、瀝乾；白米洗淨瀝乾放置1小時；黑豆洗淨，乾鍋炒香。
2. 作法1加入2杯水，依一般炊飯方式煮至電鍋跳起，再燜10分鐘。
3. 取120公克作法2的飯，平鋪於裝有棉布的塑膠袋上，依序放入材料B的食材，捏緊整成長橢圓型的飯糰，並略施力氣，壓捲緊實即可。

食譜示範：張瑞文

09.中式蛋餅

材料

雞蛋.............................1顆
青蔥.............................1支
鹽.................................少許
蛋餅皮.........................1片
沙拉油.........................適量

作法

1. 青蔥洗淨切細末,備用。
2. 將雞蛋打散,與作法1的青蔥和鹽混合均勻成蛋液。
3. 熱鍋,倒入沙拉油,放入作法2的蛋液,用中火煎至半熟時蓋上餅皮,翻面煎至餅皮略上色,捲起切成適當大小盛盤即可。

食譜示範:張瑞文

自製蛋餅沾醬

★甜辣醬★

材料

辣椒醬.............3大匙
蕃茄醬.............1大匙

調味料

砂糖...................2大匙
太白粉.............1小匙
開水...................100cc

作法

1. 取碗,將全部的材料與調味料放入,混合攪拌均勻。
2. 將作法1的醬料倒入鍋中,以小火煮約1分鐘至濃稠狀即可。

食譜示範:張瑞文

10. 油條蛋餅

材料

蛋...1顆
油條.......................................1根
油.......................................少許
蔥油餅.....................................1張
海山醬.................................20公克

作法

1. 將蛋打散成蛋液；油條對半切備用。
2. 平底鍋倒入少許油，將蛋液略煎，尚未凝固時蔥油餅立刻放在蛋液上，以中火煎熟至兩面呈金黃色。
3. 刷上海山醬，放上油條，再捲成長筒狀即可。

食譜示範：連愛卿

11. 蛋餅卷

材料

蛋餅皮....................................1張
高麗菜絲.............................160公克
雞蛋...............................1又1/2個

調味料

鹽.......................................少許

作法

1. 將高麗菜絲放入大碗中，打入雞蛋並撒上鹽充分拌勻備用。
2. 平底鍋倒少許油燒熱，先放蛋餅皮，再倒入作法1開小火烘煎至蛋液凝固，翻面後再倒入少許油，繼續烘煎至餅皮外觀呈金黃色。
3. 趁熱包捲起來盛出，再分切成塊即可。

食譜示範：杜麗娟

12. 火腿蛋餅

材料

蔥油餅皮.............1張
火腿片.................2片
雞蛋.....................1顆
蔥花.................2大匙

調味料

鹽.........................少許
醬油膏..............適量

作法

1. 雞蛋打入碗中攪散，加入蔥花和鹽拌勻。
2. 取鍋，加入少許油燒熱，放入火腿片，再倒入作法1的蛋液，蓋上蔥油餅皮煎至兩面金黃，包捲成圓條狀盛起，切片後淋上醬油膏即可。

食譜示範：杜麗娟

13. 火腿玉米蛋餅

材料

蛋餅皮	1片
火腿	4片
玉米粒	4大匙
玉米醬	2大匙

調味料

甜辣醬	2大匙

作法

1. 原味蛋餅皮放入油鍋中煎40秒後翻面，擺上2片火腿、玉米粒，再淋上玉米醬，稍煎一下，再以鏟子包捲起來，分切成小塊後盛盤。
2. 搭配甜辣醬一起食用即可。

食譜示範：趙筱培

14. 素肉鬆蛋餅卷

材料

蛋餅皮	1張
雞蛋	1顆
蔥花	2大匙
鹽	少許
素肉鬆	3大匙

作法

1. 雞蛋打入碗中攪散，加入蔥花和鹽拌勻。
2. 取鍋，加入少許油燒熱，倒入作法1的蛋液，再蓋上蛋餅皮煎至兩面金黃。
3. 續將素肉鬆鋪在蔥花蛋上，捲成圓筒狀，斜角對切成二等份即可食用。

食譜示範：杜麗娟

15. 蔬菜蛋餅

材料

蛋餅皮	1張	雞蛋	1顆
高麗菜絲	50公克	鹽	少許
九層塔	少許	辣椒醬	少許

作法

1. 雞蛋打入碗中攪散，加入高麗菜絲、九層塔葉和鹽拌勻備用。
2. 取鍋，加入少許油燒熱，倒入作法1的蛋液，再蓋上蛋餅皮煎至兩面金黃即可盛起切片。
3. 食用時可搭配辣椒醬。

食譜示範：杜麗娟

食譜示範：江麗珠

16. 米蛋餅

材料
白飯..................100公克
低筋麵粉..........50公克
雞蛋..................2顆
青蔥末..............30公克

調味料
鹽......................1/4小匙
雞粉..................少許
胡椒粉..............少許

作法
1. 將低筋麵粉過篩後放入調理盆中，加入白飯、雞蛋與所有調味料拌勻，再加入青蔥末拌勻成麵糊，備用。
2. 取一平底鍋，燒熱後加入2大匙沙拉油，以湯杓取適量作法1的麵糊加入鍋中，轉中小火煎至雙面呈金黃色香酥狀，重複此步驟直到材料用畢即可，食用時可搭配蕃茄醬。

17. 蔬菜米蛋餅

食譜示範：李德全

材料
白飯80公克、雞蛋液5顆、魷魚絲（燙熟）30公克、火腿絲20公克、高麗菜絲30公克、紅蘿蔔絲10公克、蔥花30公克

調味料
鹽1/8茶匙、白胡椒粉1/8茶匙

作法
1. 將白飯放入大碗中，灑上約20cc的水，用大湯匙或用手將有結塊的白飯抓散，備用。
2. 熱鍋，加入約2大匙沙拉油，輕搖鍋子使表面都覆蓋上薄薄一層沙拉油，轉中火放入所有材料（蛋液除外），將飯翻炒至完全散開，續加入所有調味料，以中火翻炒勻後取出盛入大碗中，再加入蛋液拌勻，備用。
3. 加熱平底鍋，倒入約1大匙沙拉油，放入作法2以小火煎，並用鍋鏟略壓扁，煎約2分鐘後翻面，續煎約2分鐘，煎至兩面呈金黃色後起鍋，切塊、盛盤即可。

18.茶葉蛋

材料
水煮蛋10顆、普洱茶葉6公克、綠茶茶葉2公克

調味料
市售滷包1個、醬油3大匙、細砂糖1大匙、味醂1大匙、水1000cc、鹽2公克

作法
1. 水煮蛋的蛋殼不規則敲出裂痕備用。
2. 將調味料的所有材料和普洱茶葉、綠茶茶葉放入鍋中,煮約10分鐘至香味溢出,放入作法1的雞蛋煮滾後關火,放置浸泡1天。
3. 第二天將作法2的雞蛋再次煮滾後,再關火浸泡1天至入味即可。

食譜示範:張瑞文

19.黃金蛋

材料
雞蛋......................10顆(室溫)

作法
1. 雞蛋洗淨放入鍋中,倒入可淹過雞蛋的水量,煮滾後再續煮3分鐘,撈起泡冷水至完全冷卻。
2. 食用時剝開頂部的蛋殼,用湯匙挖食,也可以搭配少許醬油食用,風味更佳。

〔早餐・Tips〕
無論是水煮蛋或是打發蛋白,做任何蛋的料理都有一個關鍵步驟,要將蛋放置恢復室溫後,再拿來使用,這樣才不會有破殼或是蛋白打發不起來的情況發生。

食譜示範:張瑞文

20.饅頭肉鬆夾蛋

材料

饅頭	2個	鹽	少許
雞蛋	2顆	肉鬆	2大匙
蔥花	3大匙		

作法
1. 饅頭橫切一刀不斷,入鍋蒸軟。
2. 雞蛋加蔥花和鹽拌勻,入鍋煎至金黃整型成長方型。
3. 再將蔥花蛋對切成兩片,放入作法1的饅頭中,再夾入肉鬆即可。

食譜示範:杜麗娟

21. 洋蔥牛肉捲餅

材料
市售蔥抓餅........ 1片
洋蔥................... 1/4顆
牛肉片...........40公克

調味料
鹽.................... 1/4茶匙
醬油............ 1/2大匙

作法
1. 洋蔥洗淨,切絲備用。
2. 熱油鍋,放入作法1的洋蔥絲炒香,再加入牛肉片翻炒,並加入鹽和醬油調味。
3. 將蔥抓餅放入油鍋中煎至兩面略焦黃至熟取出。
4. 將作法2的洋蔥牛肉放在蔥抓餅上,包捲起來,切小塊即可。

食譜示範:趙筱培

22. 土司牛肉卷

材料
市售滷牛腱..................... 250公克
蔥.................................2根
切片土司.............................4片
甜麵醬.................................4茶匙

作法
1. 將牛腱取出切成薄片,蔥洗淨只取蔥白部分,切成長約6公分的長段狀備用。
2. 取一茶匙甜麵醬抹在土司片上,再取四片作法1的牛腱片舖上,並放上一段作法1的白蔥段後捲起即可,重複上述作法至材料用完為止即可。

食譜示範:李德全

23. 荷葉餅卷

材料
市售荷葉餅........ 2片
辣味蕃茄醬150公克
豬絞肉...........80公克
橄欖油...............18cc

調味料
醬油.......................6cc
砂糖.................. 3公克

作法
1. 取鍋燒熱,加入橄欖油,放入豬絞肉炒至變色,加入調味料和辣味蕃茄醬充分拌炒均勻備用。
2. 取一片荷葉餅,平均舖上作法1的材料,再對折成扇形。重複上述作法,至荷葉餅用完即可。

食譜示範:張瑞文

24. 韭菜鮮肉土司夾

材料

土司4片、絞肉30公
克、韭菜30公克、薑
末1/2茶匙、蛋液2顆

調味料

鹽1/4茶匙、糖1/4茶
匙、白胡椒粉1/4茶
匙、香油1/2茶匙

作法

1. 先將韭菜洗淨,切成約0.6公分的小段。
2. 將絞肉加入鹽,順同一方向攪拌約3分鐘後,
   加入所有調味料先拌勻,再放入作法1的韭
   菜,混合拌勻。
3. 將作法2的絞肉均勻的抹在其中一片土司上,
   另一片土司先抹上蛋液,再將兩片合緊。
4. 作法3均勻的沾上蛋液,再放入120℃的熱油
   中,以小火煎約5分鐘後撈出瀝油。
5. 最後將作法4切去土司邊再切對角即可。

食譜示範:李德強

25. 培根高麗菜刈包

材料
刈包1個、蒜仁（大）1顆、高麗菜200公克、培根3片（50公克）、鹽適量、黑胡椒粒適量、有鹽奶油適量

作法
1. 刈包先蒸熱備用。
2. 高麗菜葉洗淨瀝乾，剝成小片狀；培根切小段狀；蒜仁切片，備用。
3. 取平底鍋，放入有鹽奶油燒熱，放入蒜片和培根片炒香，加入作法2的高麗菜葉炒熱，加入鹽和黑胡椒粉調味後即可盛起。
4. 取作法1的刈包，夾入作法3的培根高麗菜即可。

食譜示範：張瑞文

26. 拌冬粉

材料	調味料
冬粉......................2把	鹽......................少許
木耳絲..........20公克	香油..................2大匙
紅蘿蔔絲......20公克	醬油......1又1/2大匙
辣高麗菜乾......適量	

作法
1. 冬粉泡水軟化後，燙熟備用；紅蘿蔔絲、木耳絲燙熟備用。
2. 將作法1的材料拌入鹽、香油、醬油即可，食用時搭配辣高麗菜乾，風味更佳。

美味加分點 ［辣高麗菜乾］
材料：高麗菜乾1/2斤、辣椒醬2大匙
作法：高麗菜乾洗淨，汆燙後瀝乾，加入辣椒醬抓均勻後放置隔夜入味即可。

食譜示範：白錦霞

食譜示範：江麗珠

27. 米粉湯

材料	調味料
新鮮米粉（粗）600公克、紅蔥頭8顆、芹菜30公克、蝦皮10公克、豬油5大匙、高湯2000cc	鹽1大匙、胡椒粉少許

作法
1. 將粗米粉放入溫水中清洗，紅蔥頭、芹菜洗淨切末備用。
2. 熱鍋加入豬油，將作法1紅蔥頭及蝦皮放入爆香，並以小火拌炒至金黃色後撈起。
3. 取湯鍋倒入高湯煮滾，加入作法1的米粉及鹽，轉小火煮約50分鐘即可，食用前可放入作法1的芹菜末、作法2的紅蔥酥，蝦皮及胡椒粉即可。

食譜示範：李德強　　食譜示範：林勃攸

28. 台式涼麵

材料
細油麵(熟)200公克、小黃瓜30公克、紅蘿蔔30公克、銀芽30公克

調味料
涼開水30cc、芝麻醬1茶匙、花生醬1/2茶匙、蒜泥1/2茶匙、味精1/4茶匙、糖1/2茶匙、醬油1茶匙、烏醋1茶匙

作法
1. 取一碗，加入芝麻醬調開後，再加入花生醬攪拌均勻備用。
2. 將涼開水分成三次倒入作法1中，每次倒完就將碗中的醬與水一起調勻。
3. 於作法2的碗中加入蒜泥、糖、味精拌勻後，再加入醬油和烏醋一起拌勻即為涼麵醬。
4. 將小黃瓜及紅蘿蔔切成細絲，和銀芽一起放入沸水中汆燙，再迅速放入冰水中漂涼，撈起瀝乾水份備用。
5. 細油麵放在盤上，再將作法4的材料放在麵上，淋上作法3調味好的涼麵醬即可。

29. 中式傳統涼麵

材料
油麵200公克、豆芽菜30公克、雞胸肉30公克、小黃瓜絲30公克、紅蘿蔔絲20公克、蛋絲30公克、火腿絲30公克

調味料
芝麻醬60公克、花生醬20公克、辣豆腐乳10公克、蒜泥5公克、糖5公克、醬油20cc、烏醋20cc、涼開水20cc

作法
1. 先把芝麻醬和涼開水拌勻，倒入果汁機中，續將其餘材料倒入果汁機中，打勻即為傳統涼麵醬，備用。
2. 油麵放入滾水略汆燙，立即撈起油麵泡入冰水中，再撈起瀝乾盛入盤中備用。
3. 將雞胸肉放入滾沸水中，待雞胸肉呈現白色即關火，利用餘溫讓肉燙約15分鐘，撈起瀝乾放涼後，剝成細絲備用。
4. 將豆芽菜洗淨，放入滾水汆燙，撈起瀝乾，備用。
5. 將傳統涼麵醬淋在作法2的麵上，續放入豆芽菜、雞胸肉絲、小黃瓜絲、紅蘿蔔絲、蛋絲和火腿絲即可。

30. 廣東粥

食譜示範：李德全

材料

A 白飯200公克、大骨高湯700cc、雞蛋液1顆、蔥花5公克、油條（切小塊）10公克

B 皮蛋（切小塊）1顆、豬絞肉50公克、花枝絲30公克、豬肝（切薄片）25公克、玉米粒25公克

調味料

鹽1/8茶匙、白胡椒粉少許、香油1/2茶匙

作法

1. 將白飯放入大碗中，加入約50㏄的水，用大湯匙將有結塊的白飯壓散，備用。

2. 取鍋，將大骨高湯倒入鍋中煮開，再放入作法1壓散的白飯，煮滾後轉小火，續煮約5分鐘至米粒糊爛。

3. 於作法2中加入所有材料B，並用大湯匙攪拌均勻，再煮約1分鐘後加入鹽、白胡椒粉、香油拌勻，接著淋入打散的雞蛋，拌勻凝固後熄火。

4. 起鍋裝碗後，可依個人喜好撒上蔥花及小塊油條搭配即可。

美 味 加 分 點　　　[大骨高湯]

材料：豬大骨1200公克、水3600cc

作法：

1. 豬大骨敲破，放入滾水中汆燙，再撈起洗淨、瀝乾，備用。

2. 鍋中放入作法1豬大骨，再加3600cc的水，用中火煮滾後，撈去浮沫，轉微火不加蓋子續煮約2小時，再撈除大骨即可。

備註：如果懶得花時間熬大骨湯，也可以直接購買市售高湯，或是直接用開水替代，口感上稍有不同卻省時便利。

洗米熬粥有一套

雖然粥的種類有百百種,但基本功還是必須從洗米做起,且熬粥底不外乎使用三種方式,分別是以生米、熟飯及冷飯慢慢熬成粥,不論是採用哪種方式都可以煮出美味的粥品,只是口感上略有不同。但可別小看這三種熬粥方式的重要性喔,因為不論生米、熟飯或冷飯,熬成粥的過程中都會脹大,因此份量和水量的拿捏可要特別小心,這就讓我們在煮粥前,先讓您了解三種不同的煮法和煮粥零失敗的小祕訣。

洗米

作法

1. 將水和米粒放入容器內。
2. 先以畫圈的方式快速掏洗,再用手輕輕略微揉搓米粒。
3. 洗米水會漸漸呈現出白色混濁狀。
4. 慢慢倒出白色混濁的洗米水,以上步驟重複3次。
5. 最後,將米粒和適量的水一同靜置浸泡約15分鐘即可。

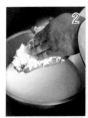

生米慢燉成粥

材料
生米1杯、水8杯

作法
將生米洗淨後,把生米和水放入湯鍋內,以中火煮滾後再轉小火煮45分鐘。

精準破解煮粥的三大關鍵任務

水量多寡要掌控→不論是利用生米、熟飯或冷飯來熬粥,最後當你要放入水一同熬煮時,水的比例要正確,過少的水量可能會導致黏鍋現象,因此在熬煮過程中要隨時留意鍋內的水量是否足夠。另外,測量飯和水的容器最好是使用一致的容器,如:使用碗為測量單位,那麼飯和水的測量容器就統一使用碗,不要利用不同容器來測量,以避免誤差產生。

時間的掌控→熬煮的時間也會依照飯粒的情況而有所不同,如:利用生米來熬煮絕對會比利用熟飯或冷飯來熬煮的時間長,所以在熬煮粥的時候,必須考量自己的時間狀況來選用不同的飯粒熬煮。

火候的掌控→想要有一碗健康滿分的好粥,就是要有一碗飯粒熟透且帶有飯香味的粥,半生半熟的飯粒或者是燒焦味濃郁的粥都是不合格的喔!因此火候的掌控必須先用中火將水煮開後,再轉小火慢慢熬煮,千萬別心急一路全採用大火或中火來熬製,否則鍋裡的飯粒溢滿出來,可就讓人大傷腦筋了。

要怎麼利用電鍋來熬煮成粥呢?

只要在水份的稱量上多些水量就可以了。一般而言,煮成白米飯的比例是1:1,而若要利用電鍋來熬煮成粥就要以1:8的比例來製作,也就是說1杯的生米要放入8杯的水量才足夠。

熟飯熬成粥

材料

熟飯1碗、水7碗

作法

先將水放入湯鍋內,以中火煮開後再放入熟飯熬煮,轉小火煮30分鐘即可。

怎樣煮粥才不會黏鍋呢?

利用熟飯來熬煮白粥時,一定要使用中火先將水煮開後,再放入熟飯繼續熬煮,這時候就一定要記得轉小火讓白米飯慢慢的熬煮到變白粥喔!火候的掌控順序是一大關鍵,另外,水量不足也會造成熬煮白粥時黏鍋的狀況發生。

黏鍋的時候要怎麼處理呢?

萬一不小心黏鍋了該怎麼辦呢?整鍋白粥統統倒掉嗎?不,可別這麼浪費,此時千萬不要心急的用湯勺去翻動已經黏鍋的白粥,否則燒焦的氣味會感染到整個鍋中的白粥,所以這個時候只要輕輕的將上面未燒焦的白粥舀出來放在另外一個鍋中再繼續熬煮就行了。

1　2　3　4

冷飯煮成粥

材料

冷飯1碗、水7碗

作法

將冷飯和水放入湯鍋內一同攪拌至飯粒分開後,以中火煮開後再轉小火煮35分鐘即可。

要怎麼樣做才能讓冷飯熬煮出來的白粥好吃呢?

利用隔夜冷藏的飯來熬粥,最怕的就是在熬煮過程中飯粒不易散開,所以在將白飯放入冰箱冷藏之前,一定要先做好功課,首先,先將冷卻的米飯密封包裝,並擠去多餘的空氣,再來就是將米飯整平,整平的目的是為了方便下次取用米飯時,容易將米飯抓鬆讓它們不致於結塊,最後再放入冰箱中冷藏即可。當然,從冰箱取出冷藏的米飯時,也要先灑上少許的水並且將它們抓鬆後再來熬煮,有了以上的事前準備,相信你的冷飯煮成粥就不怕會有飯粒不易散開或者結塊的慘況囉!

裝袋整平冷藏

灑水

抓鬆

31. 皮蛋瘦肉粥

材料
白飯200公克、大骨高湯700cc（作法請見P.27）、豬絞肉50公克、皮蛋（切小塊）1顆、蔥花5公克

調味料
鹽1/8茶匙、白胡椒粉少許、香油1/2茶匙

作法
1. 將白飯放入大碗中，加入約50cc的水，用大湯匙將有結塊的白飯壓散，備用。
2. 取一鍋，將大骨高湯倒入鍋中煮開，再放入作法1壓散的白飯，煮滾後轉小火，續煮約5分鐘至米粒糊爛。
3. 於作法2中加入豬絞肉、皮蛋塊，並用大湯匙攪拌均勻，再煮約1分鐘後加入鹽、白胡椒粉、香油拌勻後熄火。
4. 起鍋裝碗後，可依個人喜好撒上蔥花搭配即可。

食譜示範：李德全

32. 台式鹹粥

材料
白飯350公克、豬肉絲80公克、乾香菇3朵、蝦米30公克、紅蔥頭片15公克、油蔥酥適量、高湯900cc

調味料
鹽1/2小匙、雞粉1/2匙、細砂糖少許、料理米酒少許

醃料
鹽少許、太白粉少許、料理米酒少許

作法
1. 豬肉絲洗淨瀝乾水份，放入大碗中，加入所有醃料拌勻醃約1分鐘，再放入熱油鍋快炒至變色，立即盛出瀝乾油備用。
2. 乾香菇洗淨泡軟後切絲；蝦米洗淨泡入加了少許料理米酒的水中浸泡至軟，撈出瀝乾水份備用。
3. 熱鍋倒入少許油燒熱，放入紅蔥頭片小火爆香，再放入作法2的材料炒出香氣，加入作法1的材料拌炒均勻，倒入高湯改中火煮至滾開，再加入白飯改小火拌煮至略濃稠，最後以所有調味料調味，再撒上油蔥酥即可。

食譜示範：江麗珠

食譜示範：李德全

食譜示範：李德全

33. 蔬菜鹹粥

材料
A 白飯200公克、大骨高湯700cc（作法
　請見P.27）、蝦米（泡水）10公克、
　紅蔥頭碎10公克
B 鮮香菇片15公克、芋頭丁30公克、紅
　蘿蔔絲15公克、高麗菜絲60公克、竹
　筍絲15公克

調味料
鹽1/8茶匙、白胡椒粉少許、香油1/2茶匙

作法
1. 將白飯放入大碗中，加入約50cc的水，
　用大匙將有結塊的剩飯壓散，備用。
2. 蝦米用開水泡約5分鐘後，撈起、瀝
　乾，備用。
3. 熱鍋，加入少許沙拉油，用小火爆香紅
　蔥頭及作法2的蝦米，再加入所有材料B
　一起炒香，熄火備用。
4. 取一鍋，盛入作法3的材料，再倒入大
　骨湯煮滾，續加入作法1的白飯，煮滾
　後轉小火，續煮約5分鐘至米粒糊爛，
　並用大湯匙攪拌均勻，再煮約1分鐘
　後，加入鹽、白胡椒粉、香油拌勻，熄
　火裝碗即可。

34. 黃金雞肉粥

材料

材料	
白米	40公克
碎玉米	50公克
水	400cc
雞胸肉	120公克
紅蘿蔔	60公克
薑末	10公克
蔥花	10公克

調味料

調味料	
鹽	1/4茶匙
白胡椒粉	1/6茶匙
香油	1茶匙

作法
1. 雞胸肉和紅蘿蔔切小丁備用。
2. 白米和碎玉米洗淨後與水放入內鍋中，
　再放入紅蘿蔔丁及薑末。
3. 將內鍋放入電鍋中，外鍋加入1杯水，
　按下開關，煮約10分鐘後，打開鍋蓋，
　放入雞肉丁拌勻，再蓋上鍋蓋繼續煮至
　開關跳起。
4. 打開電鍋蓋，加入調味料，拌勻後盛入
　碗中，撒上蔥花即可。

中式

35. 綠豆薏仁粥

材料

小米	40公克
薏仁	40公克
綠豆	40公克
清水	1200cc

調味料

冰糖	80公克

作法

1. 薏仁洗淨，以等量的水浸泡30分鐘以上。
2. 小米和綠豆洗淨，備用。
3. 取湯鍋，放入清水，倒入小米、薏仁和綠豆，先以大火煮至滾沸，續煮滾3分鐘後，改以小火煮30分鐘至熟（一邊煮要一邊攪拌），再加入冰糖調味即可。

食譜示範：趙筱培

36. 地瓜粥

材料

紅地瓜150公克、黃地瓜150公克、白米150公克、水1800cc

調味料

冰糖80公克

作法

1. 兩種地瓜一起洗淨，去皮切滾刀塊備用。
2. 白米洗淨，泡水約30分鐘後瀝乾備用。
3. 湯鍋中倒入水和作法2的白米以中火拌煮至滾開，放入作法1的地瓜再次煮至滾開，改轉小火加蓋燜煮約20分鐘，最後加入冰糖調味即可。

〔早餐・Tips〕

地瓜本身帶有甜味，尤其份量多時，就不適合加太多糖調味，即使不加糖也會很好吃，搭配冰糖地瓜的風味比較明顯，也可以搭配二號砂糖，則有另一番香甜風味。

食譜示範：江麗珠

37. 小米南瓜子粥

材料

小米50公克、圓糯米50公克、水800cc、南瓜60公克、南瓜子50公克

調味料

細糖150公克

作法

1. 南瓜去皮，切丁備用。
2. 小米及圓糯米洗淨後與水、作法1的南瓜丁放入內鍋中，蓋上電子鍋蓋，按下開關選擇「煮粥」功能後，按「開始鍵」開始。
3. 煮至開關跳起後，打開電子鍋蓋，加入細糖拌勻，盛入碗中撒上南瓜子即可。

食譜示範：李德全

菜脯蛋

材料
蛋2個、菜脯1兩

調味料
鹽少許、糖少許、雞粉少許、太白粉少許

作法
1. 菜脯洗淨並瀝乾水份,以大火炒香備用。
2. 蛋打散成蛋液,與所有調味料及少許水拌勻。
3. 熱油鍋,將蛋液與作法1的菜脯拌勻一起下鍋,以順時針方式攪動,用慢火煎至凝固時,翻面再煎至香且表面呈略焦的金黃色時即可。

食譜示範:高鋼輝

丁香花生

材料
丁香魚2兩、花生2兩、蔥粒1大匙、辣椒粒1小匙、蒜粒少許、太白粉少許

調味料
醬油1小匙、米酒1/2小匙、鹽少許、雞粉少許、糖少許、胡椒粉少許、麻油1/2小匙

作法
1. 新鮮丁香魚灑些太白粉後,放入熱油鍋中炸約2分鐘,至八成酥時撈起瀝乾油備用。
2. 另起一油鍋,爆香蔥粒、辣椒粒、蒜粒,加入作法1的小魚干、花生及所有調味料大火拌炒勻即可。

食譜示範:高鋼輝

蒜炒香腸

材料
香腸2條、青蒜片1條、蒜頭少許

調味料
米酒少許、糖少許、雞粉少許、蠔油少許、清水1匙

作法
1. 取一中華鍋,倒入剛好蓋過香腸的油量,燒熱至110℃時,放入香腸炸約3~5分鐘即撈起瀝乾油脂,待涼後切片備用。
2. 留少許作法1的油,以小火爆香蒜頭,加入青蒜片及作法1的香腸炒一下,最後與所有調味料炒勻即可。

食譜示範:高鋼輝

乾煸四季豆

材料
豬肉末1兩、四季豆5兩、蒜末少許、蔥少許、薑少許、太白粉少許

調味料
醬油少許、糖少許、雞粉少許、紅辣椒粒少許、米酒少許

作法
1. 四季豆去老筋洗淨切段,放入約140℃的油鍋中炸2分鐘後撈出,瀝乾油;豬肉末與太白粉拌勻後備用。
2. 熱油鍋,將作法1的豬肉末與蒜末一起爆香,作法1的四季豆、蔥、薑與所有調味料一起煸至湯汁收乾即可。

食譜示範:高鋼輝

38. 吻仔魚煎餅

材料
吻仔魚......................50公克
蔥花........................20公克
鹽..........................1/4茶匙
沙拉油......................2大匙

麵糊
中筋麵粉....................100公克
糯米粉......................50公克
水..........................165cc

作法
1. 將所有麵糊材料調勻成麵糊，靜置約20分鐘備用。
2. 吻仔魚用清水略沖洗去除過多鹹味，瀝乾備用。
3. 將作法2的吻仔魚、蔥花、鹽與作法1的麵糊一起調勻。
4. 熱鍋，加入沙拉油，倒入作法3的麵糊，以小火煎約1分鐘後翻面，用鍋鏟使力壓平、壓扁麵餅，並不時以鍋鏟轉動麵餅，煎至呈金黃色後翻面，另一面也煎至金黃色即可。

食譜示範：李德強

39. 玉米煎餅

材料
罐頭玉米粒150公克、沙拉油少許

麵糊
無鹽奶油80公克、蛋2個、細砂糖3大匙、低筋麵粉200公克、泡打粉1茶匙、鮮奶100cc

作法
1. 將罐頭玉米粒瀝乾，並用手擠乾水份。
2. 無鹽奶油融化待涼，加入蛋、細砂糖用打蛋器打約1分鐘。
3. 將低筋麵粉、泡打粉混合過篩，加入作法2中，並不斷攪拌均勻，再加入鮮奶拌勻，靜置約20分鐘備用，即成鬆餅麵糊。
4. 備一不沾鍋，用紙巾沾少許沙拉油，均勻塗在鍋內。
5. 將作法3的鬆餅麵糊與作法1的玉米粒一起拌勻，倒入作法4的鍋中，以小火將兩面各煎約5分鐘，均呈金黃色即可。

備註：此份量麵糊可煎兩次。

食譜示範：李德強

40. 蔥花煎餅

材料
青蔥.............................80公克
沙拉油.........................2大匙

調味料
鹽.............................1茶匙

麵糊
中筋麵粉...................... 100公克
糯米粉.........................50公克
水.............................150cc

作法
1. 將所有麵糊材料調勻成麵糊，靜置約20分鐘備用。
2. 青蔥洗淨，切成蔥花備用。
3. 將作法2的蔥花、鹽、作法1的麵糊一起調勻。
4. 熱鍋，加入沙拉油，再倒入作法3的麵糊，以小火煎約1分鐘後翻面，用鍋鏟使力壓平、壓扁麵餅，並不時用鍋鏟轉動麵餅，煎至兩面呈金黃色即可。

食譜示範：李德強

41. 紅蘿蔔煎餅

材料
紅蘿蔔....................... 120公克
鹽...........................1/2茶匙
沙拉油.........................2大匙

麵糊
中筋麵粉.......................80公克
糯米粉.........................40公克
水........................... 140cc

作法
1. 將所有麵糊材料調勻成麵糊，靜置約20分鐘備用。
2. 紅蘿蔔去皮並切成細絲備用。
3. 將作法2的紅蘿蔔絲、鹽及作法1的麵糊一起調勻。
4. 熱鍋，加入沙拉油，再倒入作法3的麵糊，以小火煎約1分鐘後翻面，用鍋鏟使力壓平、壓扁麵餅，使麵餅的厚度均勻，並不時用鍋鏟轉動麵餅使之受熱均勻，煎至呈金黃色後翻面，將另一面也煎至呈金黃色即可。

食譜示範：李德強

42. 牛奶煎餅

材料

無鹽奶油	40公克
蛋	1個
細砂糖	1又1/2大匙
低筋麵粉	100公克
泡打粉	1/2茶匙
奶粉	50公克
鮮奶	70cc
蜂蜜	適量

作法

1. 無鹽奶油融化待涼,加入蛋、細砂糖用打蛋器打約1分鐘。
2. 將低筋麵粉、泡打粉、奶粉混合過篩,加入作法1中,並不斷攪拌均勻,再加入鮮奶拌勻,靜置約20分鐘備用,即成鬆餅麵糊。
3. 備一不沾鍋,用紙巾沾少許沙拉油,均勻塗在鍋內。
4. 將作法2的麵糊倒入作法4的鍋中,以小火將兩面各煎約5分鐘,至呈金黃色,食用前淋上適量蜂蜜增加風味即可。

食譜示範:李德強

43. 蕃薯煎餅

材料

蕃薯	200公克
鹽	1/2茶匙
沙拉油	2大匙

麵糊

中筋麵粉	40公克
水	80cc

作法

1. 蕃薯洗淨,去皮,切成扁長條狀再以流動的清水略沖洗,瀝乾水分後加入鹽用手抓勻,醃約15分鐘。
2. 將作法1的蕃薯條與中筋麵粉混合均勻,再以每回少量的方法逐次加入水,並不斷攪拌直到所有蕃薯條黏結一起,無乾粉狀。
3. 熱鍋,加入沙拉油,將作法3的蕃薯餅糊放入平底鍋中,儘量鋪平,以小火煎至兩面呈金黃色即可。

食譜示範:李德強

44. 臘味馬鈴薯煎餅

材料
馬鈴薯2顆（200公克）、廣式臘腸2根、青蔥末20公克、鹽1/2茶匙、沙拉油2大匙

麵糊
中筋麵粉40公克、太白粉15公克、水80cc

作法
1. 馬鈴薯洗淨去皮，切成細條狀後，沖水再瀝乾；廣式臘腸切小丁備用。
2. 將作法1的馬鈴薯條、臘腸丁、青蔥末、鹽混合拌勻，再與太白粉及中筋麵粉，攪拌均勻，最後以少量加水的方式逐次加入，並不斷攪拌直到所有食材黏結一起，無乾粉狀。
3. 熱鍋，加入沙拉油，用手拿起作法3的馬鈴薯餅糊放入平底鍋中，儘量鋪平，以小火煎至兩面呈金黃色即可。

食譜示範：李德強

45. 南瓜煎餅

材料
南瓜............................ 150公克
鹽...................................1/4匙
沙拉油............................2大匙

麵糊
中筋麵粉........................70公克
在來米粉........................50公克
水......................................60cc

作法
1. 南瓜削皮後切大塊狀，用放入蒸鍋中蒸熟，取出趁熱搗成泥放涼。
2. 將作法1的南瓜泥與中筋麵粉、在來米粉、鹽拌勻，並以少量加水的方式逐次加入，全部食材攪拌成均勻的糊狀，靜置約20分鐘備用。
3. 熱鍋，加入沙拉油，再倒入作法2的南瓜麵糊，以小火煎約1分鐘後翻面，用鍋鏟使力壓平、壓扁麵餅，並不時用鍋鏟轉 麵餅，煎至呈金黃色後翻面，另一面也煎至呈較深的金黃色即可。

食譜示範：李德強

調麵糊的不敗秘訣

輕鬆調麵糊

　　調麵糊一點都不難，只需分次加入水，將粉與水拌勻即可，但需注意要拌得透徹，也可先過篩再使用，避免顆粒或結塊，以免影響成品口感。拌完麵糊後，最好靜置約20～40分鐘，可讓麵粉更均勻的吸收水份。

麵糊的調配要得宜

正確攪拌法：力道均勻一致、繞圈攪拌。

V.S.

錯誤攪拌法：用力過度、力道不均，麵糊拌不均勻。

　　煎餅要成功，麵糊的成敗絕對是重要的關鍵。調麵糊並不難，只需將粉加水拌勻即可，但需注意要拌得透徹，不要有顆粒或結塊，以免影響成品口感。

靜置或過篩更順口

麵糊靜置使吸水。

V.S.

麵糊過篩防結塊。

　　最好的方式是攪拌完成後，讓麵糊靜置約30分鐘左右，讓麵粉均勻吸收水份，可較避免結塊。如果操作過程很趕，沒有足夠時間靜置麵糊，教你一個偷吃步的方法，就是取篩網將調好的麵糊過篩，如此一來顆粒過大不均的麵糊就會留在篩網上，而不會影響煎餅造成失敗。

不同口感自己創造

薄脆

V.S.

厚實

　　麵粉通常都會與糯米粉、在來米粉、地瓜粉或玉米粉混合，因為添加米製粉類口感會較酥脆富有變化。當添加的糯米粉比例多時，麵糊較具黏性，而在來米粉添加比例多時，麵糊會較硬，可以與軟質或水份多的食材一起搭配，創造出口感適中的煎餅。

食譜示範：江麗珠

食譜示範：江麗珠

46. 花生煎餅

材料
花生粉.................................適量
二砂糖.................................適量

麵糊
中筋麵粉........................ 140公克
泡打粉.................................4公克
小蘇打粉.............................2公克
蛋液.....................................1/2顆
糖.......................................30公克
水.................................... 180cc

作法
1. 中筋麵粉、泡打粉、小蘇打粉過篩，加入蛋液、糖、水一起攪拌均勻成糊狀，靜置約30分鐘，備用。
2. 取一平底鍋加熱，倒入少量沙拉油，加入作法1的麵糊，用小火煎至定型後，放入混勻的花生粉與二砂糖，再將煎餅對折、並蓋上鍋蓋燜熟。
3. 待作法2的煎餅煎約2分鐘後，翻面略煎熟，食用前切塊即可。

47. 芝麻煎餅

材料
黑芝麻少許、白芝麻少許、黑芝麻粉適量、二砂糖適量

麵糊
中筋麵粉140公克、泡打粉4公克、小蘇打粉2公克、蛋液1/2顆、糖20公克、黑糖10公克、水180cc

作法
1. 中筋麵粉、泡打粉、小蘇打粉過篩，加入蛋液、糖、黑糖、水一起攪拌均勻成糊狀，靜置約30分鐘，備用。
2. 取一平底鍋加熱，倒入少量沙拉油，撒上少許混合的黑、白芝麻，再倒入作法1的麵糊，用小火煎至定型後，放入混勻的黑芝麻粉與二砂糖，再將煎餅對折、並蓋上鍋蓋燜熟。
3. 待作法2的煎餅煎約2分鐘後，翻面略煎熟，食用前切塊即可。

48. 甜玉米煎餅

材料

甜玉米粒185公克、水150cc、低筋麵粉100公克、玉米粉50公克、泡打粉5公克、糖30公克、蛋液30公克、蜂蜜適量

作法

1. 取150公克甜玉米粒放入果汁機中，加入水打成玉米漿，備用。
2. 低筋麵粉、玉米粉、泡打粉過篩，加入作法1的玉米漿、糖、蛋液一起攪拌均勻成糊狀，靜置約30分鐘，再加入剩餘35公克的玉米粒拌勻，即為玉米煎餅麵糊，備用。
3. 取一平底鍋加熱，倒入少量沙拉油，再加入作法2的玉米煎餅麵糊，用小火煎至兩面皆金黃熟透，食用時可淋入適量蜂蜜增加風味即可。

〔早餐・Tips〕

甜煎餅中添加泡打粉，有助於達到膨脹及鬆軟的效果，在加熱的過程中，會釋放出氣體，這些氣體會使煎餅蓬鬆，但須注意用量上不可太多，約5公克就足夠了。

食譜示範：江麗珠

49. 豆漿燕麥餅

食譜示範：邱寶郎

材料

無糖豆漿100cc、燕麥120公克、全蛋1個、糖30公克、中筋麵粉50公克、小蘇打粉5公克、泡打粉7公克

作法

1. 首先將中筋麵粉、小蘇打粉和泡打粉秤好重量，再放入篩網裡面過篩至容器裡備用。
2. 取一個容器放入燕麥，加入適量的水，浸泡半小時後，瀝乾備用。
3. 再於作法1的容器中加入全蛋、無糖豆漿和作法2的燕麥攪拌均勻，然後靜置15分鐘備用。
4. 取一個不沾鍋，加入少許的沙拉油，鍋熱後再將作法3的麵糊適量放入鍋中，以小火煎至兩面呈金黃色即可。

〔早餐・Tips〕

在一般雜糧行就有販售綜合燕麥，若是要節省浸泡時間，可以用超賣場市所售的燕麥片罐頭。

50. 黑糖桂圓煎餅

材料

低筋麵粉......................... 155公克
玉米粉.............................. 35公克
泡打粉................................5公克
牛奶.................................60cc
融化奶油..........................35公克
蛋液............................. 120公克
黑糖.................................50公克
蜂蜜.................................30公克
桂圓肉..............................20公克
熱水.................................50cc

作法

1. 桂圓肉泡入熱水中，泡至入味後，濾除桂圓肉留桂圓水，備用。
2. 黑糖過篩，加入蛋液拌勻，再加入蜂蜜、牛奶、作法1的桂圓水拌勻，備用。
3. 低筋麵粉、玉米粉、泡打粉過篩，分次加入作法2攪拌至完全吸收，靜置約40分鐘，即為黑糖桂圓煎餅麵糊，備用。
4. 取一平底鍋加熱，倒入少量沙拉油，再加入作法3的黑糖桂圓煎餅麵糊，用小火煎至起泡後消泡，翻面續煎約5秒至熟透即可。

食譜示範：江麗珠

55種
西式早餐

漢堡、沙拉、三明治，各式異
國風味任你選！

51.法式土司

材料

全蛋	2顆
鮮奶	100cc
厚片土司	1片
楓糖	1大匙
奶油	適量

〔早餐‧Tips〕
在作法2將土司泡入事先備妥的奶蛋液中,主要有二大用意,其一是使土司因浸泡吸收奶蛋液後,可變得充滿水分,食用時口感更鬆軟;其二是因土司表層的奶蛋液可阻隔料理過程中吸附過多的油脂。

作法

1. 將蛋與鮮奶混合打勻成奶蛋液備用。
2. 將土司對切成二等份的三角狀後,放入作法1的奶蛋液中稍作浸泡備用。
3. 取一平底鍋,放入約3大匙的油熱鍋後,改轉小火並將作法2的土司放入鍋中煎至兩面呈金黃色即可盛起裝盤。
4. 食用前可先淋上楓糖或塗抹上奶油再食用。

食譜示範:李德全

食譜示範：李德全

52. 糖片土司

材料
切片土司.....................4片
無鹽奶油................2大匙
粗砂糖......................2大匙

作法
1. 將土司放入烤箱中，以各200℃的上下火烤約1分鐘至兩面微黃稍硬後取出備用。
2. 將作法1的土司表面均勻抹上奶油後，再撒上粗砂糖後，放入烤箱以各200℃的上下火，續烤約4分鐘至土司呈金黃酥脆狀即可。

早餐・Tips
先將土司送進烤箱內烘烤至稍硬後再取出抹奶油，目的是為了不讓奶油中所含的水分浸潤到土司中，而造成土司表面有凹陷及潮濕的狀況。

53. 鮪魚烤土司

材料

油漬鮪魚罐頭1罐、小黃瓜25公克、洋蔥25公克、黑胡椒粉1/2茶匙、切片土司4片、沙拉醬1小包

作法

1. 將鮪魚從罐頭中取出瀝乾油後捏碎；小黃瓜、洋蔥洗淨切細絲備用。
2. 將作法1的鮪魚碎末、小黃瓜絲、洋蔥絲及黑胡椒粉混合均勻備用。
3. 取一片土司，先放入適量作法2的材料後，再擠上沙拉醬，並重複上述作法，至材料用完為止，再放入烤箱中以各200℃的上下火，烤約3分鐘至土司邊焦黃即可。

食譜示範：李德全

54. 芝士烤厚土司

材料

厚片土司................................1片
芝士片（起司片）..............1片
奶油....................................少許
鹽..少許

作法

1. 先將厚片土司放入烤箱中以180℃烤至表面呈現脆黃狀，再取出塗上奶油、撒上少許鹽、放上芝士片。
2. 將作法1的厚片土司放入烤箱中，以220℃烤3分鐘即可。

食譜示範：李德強

55. 奶油芝士土司

材料

土司4片、奶油芝士(奶油起司)150公克、奶油20公克、蛋黃1顆、糖1又1/2大匙、小蕃茄6顆

作法

1. 先將小蕃茄洗淨，再將其1切4備用。
2. 將奶油芝士與糖放入鋼盆中，用打蛋器拌打3分鐘，再加入蛋黃拌打3分鐘，接著加入奶油續打3分鐘至芝士略起泡。
3. 將作法1的小蕃茄擺放在一片土司上，再抹上作法2的材料，再蓋上另一片土司，對切即可。

食譜示範：李德強

56.橙汁煎土司

材料

土司.................................2片
香吉士.............................1個
濃縮橙汁...........................1大匙
水...............................100cc
奶油...............................2茶匙
糖.................................1茶匙
太白粉水...........................少許

作法
1. 先將香吉士榨汁，再將香吉士的皮削去白色部份，保留外皮切成細絲，備用。
2. 將作法1的材料加水，以小火煮約2分鐘，再加入濃縮橙汁、糖，煮滾後以太白粉水勾芡。
3. 土司用烤麵包機烤過，塗上奶油對切。
4. 將作法3的土司放入盤中，淋上作法2的醬汁即可。

食譜示範：李德強

57.香蕉花生醬土司

材料

土司.................................2片
香蕉...............................半根
花生醬.............................適量
糖粉...............................適量

作法
1. 先將香蕉剝去外皮後切片，備用。
2. 土司以烤麵包機烤至表面呈現脆黃狀，再取出土司，於其上塗上花生醬，放上香蕉片。
3. 將作法2的土司放入已預熱180℃的烤箱中，烤約3分鐘，再撒上糖粉即可。

食譜示範：李德強

58. 香烤蘋果土司

材料
白土司...................................2片
蘋果（小）.........................1顆
奶油.......................................適量
柚子果醬.............................適量
二號砂糖.............................適量
肉桂粉...................................少許

作法
1. 蘋果洗淨，切0.5公分厚片；奶油切小丁狀備用。
2. 土司去邊，稍稍桿壓成扁平狀，塗抹上柚子果醬，整齊排放上作法1的蘋果片，撒上二號砂糖及作法1的奶油丁，放入烤箱中以200℃烤至上色酥狀即可取出，撒上肉桂粉即可。

食譜示範：張瑞文

59. 楓糖淋核桃麵包

材料
核桃麵包...............................3片
楓糖.......................................適量
全蛋.......................................2顆
鮮奶................................... 150cc
有鹽奶油......................... 15公克

作法
1. 取一容器，將蛋打散後，加入鮮奶混合拌勻，再放入核桃麵包略浸泡後取出備用。
2. 取平底鍋燒熱，加入有鹽奶油至溶化，放入作法1的麵包略煎至兩面金黃上色盛入盤中，再淋上楓糖即可。

食譜示範：張瑞文

60. 土司口袋餅

材料
土司4片、雞蛋2顆、紅甜椒丁30公克、法蘭克福腸丁1條、小黃瓜丁30公克、鮮奶1大匙、沙拉油1大匙

調味料
鹽1/4茶匙、白胡椒粉1/8茶匙

作法
1. 雞蛋打散與小黃瓜丁、紅甜椒丁、法蘭克福腸丁、鮮奶和調味料混合拌勻。
2. 熱鍋,加入沙拉油,倒入作法1的材料,以小火慢慢拌炒至蛋凝固呈滑嫩狀。
3. 先取一片土司做底,於其上加入2大匙作法2的材料,再蓋上另一片土司。
4. 用小碗蓋放在作法3的土司上,用力壓斷,使其成緊實的圓形狀土司即可。

食譜示範:李德強

61. 披薩土司

材料
厚片土司2片、義大利麵醬2大匙、乳酪絲120公克、洋蔥絲20公克、玉米粒2大匙、火腿丁1又1/2片、青椒絲1/2顆、黑胡椒粉少許、起司粉少許、粗乾辣椒粉少許

作法
1. 厚片土司先塗上義大利麵醬,再撒入30公克的乳酪絲。
2. 在作法1的厚片土司上,平均放入適量的洋蔥絲、玉米粒、火腿丁和青椒絲,最後再撒上30公克的乳酪絲,放置烤盤內,重複上述步驟至厚片土司用完為止。
3. 放入烤箱中,以上火210℃、下火170℃烤約10～15分鐘,食用前再撒上黑胡椒粉、起司粉和粗乾辣椒粉即可。

食譜示範:杜麗娟

62. 黑胡椒牛肉披薩

材料
厚片土司1片、牛肉絲30公克、洋蔥絲5公克、起司絲30公克

調味料
黑胡椒1/2大匙、麵粉1/2小匙、奶油1/2小匙、鹽1/4小匙

作法
1. 厚片土司放入烤箱以150℃烤約3分鐘,以增加硬度。
2. 起鍋,放入洋蔥絲、牛肉絲和所有調味料,以小火炒勻,放入作法1的烤土司上。
3. 再撒上起司絲,放入預熱的烤箱中,以上火200℃、下火150℃的溫度,烤約6分鐘至金黃色即可。

食譜示範:吳庭宇

63.總匯三明治

材料
土司3片、土司火腿2
片、雞蛋2顆、紅蕃茄
1/2顆、小黃瓜1/2條、
美乃滋適量

作法

1. 小黃瓜洗淨切絲；蕃茄
   洗淨切成圓片。
2. 取鍋，倒入少許油燒
   熱，將雞蛋打入鍋內，
   壓破蛋黃，煎至熟後盛
   出。
3. 取鍋，倒入少許油燒
   熱，將火腿放入後，煎
   至兩面略黃成酥脆狀，
   即可盛出。
4. 將土司放入烤麵包機
   中，烤至兩面呈現脆黃
   狀，除了外層的土司只
   塗一面外，其餘土司的
   兩面皆均勻的塗上美乃
   滋備用。
5. 先取一片外層土司（有
   美乃滋的面朝內），
   將小黃瓜絲、蕃茄片
   放上，疊上另一層作法
   4的土司，再放上火腿
   及蛋，再疊上最後一片
   土司，將疊好的三片土
   司合攏，以牙籤稍做固
   定，先切去土司邊再切
   成四個三角型即可。

食譜示範：李德強

土司攻略Q&A

1 土司放隔夜需如何保鮮較為恰當，而隔夜冰過的土司在食用前需先如何處理呢？

新鮮土司若當天吃不完，應先將袋口密封，以防止土司風乾及過多的水份流失，一般當天出爐的土司，可置常溫下3天左右，若想保存較長的時間，建議可將未食用完的土司直接放入冷凍中冰凍，這樣可使土司的品質及口感保留在最佳的狀態；冰凍的土司若欲食用前，可在取出後不經退冰的過程，直接放入烤箱中，以適當溫度烘烤後即可食用。

2 許多土司料理在下鍋煎或油炸前，都會先浸泡或塗抹蛋液，究竟有何用意？

土司料理中有了蛋液的適時加入，一方面可為料理增添濃郁的香氣並提升其營養價值外，另一方面更可透過浸泡的蛋液達到阻隔油脂的效果，因此在土司下鍋油炸前，先浸泡蛋液的動作，將可避免土司吸收過多油量，減少吃下許多不必要的熱量。

3 奶油或抹醬應在何時塗抹於土司上較為恰當？

一般我們在早餐店或家中製作烤土司時，總會習慣性的先在土司上塗抹上一層厚厚的醬料，如奶酥、花生、奶油醬後，再放進烤箱中烘烤，其實仔細觀察你一定會發現，這樣的動作所烘烤出來的土司，在表面會有些許的凹陷，這是因為半凝固狀的抹醬中通常含有水份，而在烤箱的高溫烘烤下，其中的水份會因果醬的液化釋出而滲入土司中，導致土司變得潮濕與凹陷；所以老師建議較好的作法是在土司未塗抹醬料前，先放入烤箱中微烤至表面稍硬微黃時，再取出塗抹醬料，接著再放入烤箱續烤至表面呈金黃微焦狀即可取出食用。

4 土司料理中的食材處理，應該注意些什麼？

土司料理中常用的食材處理方式，有幾個必須特別注意的小祕訣可先在此提供大家作參考，在水洗生菜及過水汆燙的食材部分，必須注意將多餘的水份充分瀝乾，或以紙巾吸乾水份。而在煎或炸的食材部分，則可先置於吸油紙上瀝乾多餘油份，這樣一來就可避免多餘的水份或油份滲入土司中，而影響食用時的口感。

食譜示範：吳庭宇　　食譜示範：吳庭宇

64. 冰凍三明治

材料
白土司3片、雞蛋1個、火腿1片、鮮奶
油50公克

調味料
細砂糖1小匙、美乃滋適量

作法
1. 雞蛋打入碗中攪打均勻，倒入熱油鍋中
   並快速搖動鍋子讓蛋液均勻佈滿鍋面，
   以小火煎成蛋皮，盛出切成與白土司大
   小相同的方蛋片備用。
2. 鮮奶油倒入乾淨無水的容器中以打蛋器
   快速攪拌數下，加入細砂糖繼續攪打至
   成為濕潤的固體狀備用。
3. 取2片白土司分別抹上一面美乃滋，備
   用。
4. 取一片作法3白土司為底，放入作法1蛋
   皮，蓋上另一片作法3白土司，抹上適
   量作法2鮮奶油，並放入火腿片，再將
   最後一片白土司抹上鮮奶油蓋上，稍微
   壓緊切除四邊土司邊，再對切成兩份即
   可。

65. 法式三明治

材料
白土司2片、雞蛋液適量、鮮奶油20
cc、火腿2片、起司1片

調味料
美乃滋1大匙

作法
1. 雞蛋液打入碗中攪散，加入鮮奶油再次
   攪拌均勻後過濾一次備用。
2. 白土司分別抹上一面美乃滋，備用。
3. 取一片作法2白土司為底，依序放入火
   腿片、起士片和另一片火腿片，蓋上另
   一片白土司，稍微壓緊切除四邊土司
   邊，表面均勻沾上作法1備用。
4. 平底鍋燒熱，放入少許奶油燒融，放入
   作法3的三明治，以小火將每一面均勻
   煎至呈金黃色，盛出。
5. 將作法4攤平頂層抹上美奶滋，對切成
   兩個三角形後疊起即可。

66. 火腿三明治

材料
白土司2片、全蛋1顆、火腿片1片、小黃瓜1/2條、美乃滋適量、奶油適量

作法
1. 土司放入烤箱中烤至兩面微金黃備用。
2. 取平底鍋燒熱,放入奶油,打入全蛋煎至兩面金黃熟狀備用。
3. 續於作法2鍋中,放入火腿片煎至邊邊微焦,香味溢出。
4. 小黃瓜以鹽搓洗沖水,刨成絲狀備用。
5. 取作法1的一片土司,抹上美乃滋,依序放上作法3的火腿片、作法4的小黃瓜絲和作法2的荷包蛋,再放上另一片抹了美乃滋的土司,對切成二等份擺盤即可。

食譜示範:張瑞文

67. 烤火腿三明治

材料
全麥土司3片、火腿片2片、綠色萵苣2片、美乃滋1小匙

作法
1. 綠色萵苣剝下葉片,洗淨,泡入冷開水中至變脆,撈出瀝乾水分備用。
2. 火腿片放入烤箱以150℃烤約2分鐘,取出備用。
3. 全麥土司分別抹上一面美乃滋,備用。
4. 取一片作法3全麥土司為底,依序放入一片美生菜、一片作法2火腿片,蓋上另一片全麥土司,再依序放入一片美生菜、一片作法2火腿片,蓋上最後一片全麥土司,稍微壓緊切除四邊土司邊,再對切成兩份即可。

食譜示範:吳庭宇

68. 牛奶火腿三明治

材料
白土司4片、牛奶100公克、全蛋2個、麵包粉150公克、起司片3片、火腿片3片、蘿蔓3片

作法
1. 將白土司四邊切掉,先沾牛奶,再沾蛋液,最後沾上麵包粉,稍微壓一下防止麵包粉掉落。
2. 以平底鍋用中火,將作法1的土司兩面煎至金黃色備用。
3. 四片土司中間各夾入一片起司片、火腿片、蘿蔓,再切對半即可。

備註:沾了牛奶的土司,口感更細緻,而且涼了之後也不會變硬。

食譜示範:蔡閔如

53

69. 鮪魚三明治

材料

全麥土司	3片
鮪魚醬	適量
苜蓿芽	10公克
蕃茄片	2片

作法

1. 苜蓿芽洗淨瀝乾水份備用。
2. 全麥土司取兩片分別抹上一面鮪魚醬，備用。
3. 取一片作法2全麥土司為底，依序放入一片蕃茄片和一半的苜蓿芽，蓋上另一片作法2全麥土司，再依序放入一片蕃茄片和剩餘的苜蓿芽，蓋上沒有抹醬的最後一片土司，稍微壓緊對切成兩份即可。

食譜示範：吳庭宇

70. 水煮雞肉三明治

材料
法國麵包1段、雞胸肉300公克、蕃茄片2片、紅葉萵苣1片、綠葉萵苣1片、苜蓿芽2公克、沙拉油1大匙

調味料
黑胡椒1/2大匙、美乃滋適量

作法
1. 雞胸肉洗淨，放入適量滾水中，鍋中加入沙拉油，以中火燙煮至滾開，熄火加蓋燜約15分鐘，撈出瀝乾水份，均勻撒上黑胡椒抹勻，待冷卻後切薄片備用。
2. 紅葉萵苣、綠葉萵苣均剝下葉片，洗淨，泡入冷開水中至變脆，撈出瀝乾水份；苜蓿芽洗淨瀝乾水分備用。
3. 法國麵包中間切開但不切斷，內面均勻抹上適量美乃滋，依序夾入作法2食材、作法1雞胸肉和蕃茄片即可。

食譜示範：吳庭宇

71. 培根起司 炒蛋三明治

食譜示範：吳庭宇

材料
法國麵包1段、培根30公克、起司絲20公克、雞蛋2顆、洋蔥末5公克、綠葉萵苣3片

調味料
蕃茄醬1/2小匙、黑胡椒少許、無鹽奶油1大匙

作法
1. 綠葉萵苣剝片洗淨，泡入冷開水中至變脆，撈出瀝乾；雞蛋打成蛋液；培根切碎備用。
2. 平底鍋倒入少許油燒熱，加入洋蔥和培根碎炒至呈金黃色，倒入蛋液攤平，煎至八分熟熄火，向中央折成方形，移入烤盤撒上起司絲，放入烤箱以200℃烘烤至起司絲融化且略呈金黃色取出。
3. 法國麵包對切，內面抹上無鹽奶油，放入烤箱中以150℃略烤至呈金黃色，取一片為底依序放入綠葉萵苣、作法2的培根起司炒蛋，淋上蕃茄醬、撒上黑胡椒，再蓋上另一片稍微壓緊即可。

72. 蔬菜烘蛋三明治

食譜示範：吳庭宇

材料
全麥土司3片、雞蛋2顆、洋蔥絲5公克、紅蘿蔔絲2公克、蔥段5公克、高麗菜絲10公克、美生菜10公克、蕃茄片3片

調味料
胡椒粉少許、鹽少許、乳瑪琳1小匙、美乃滋1小匙

作法
1. 雞蛋打成蛋液，加入胡椒粉和鹽拌均勻；美生菜剝下葉片洗淨，泡入冷開水中至變脆，撈出瀝乾備用。
2. 平底鍋倒入少許油燒熱，放入洋蔥絲、紅蘿蔔絲、高麗菜絲和蔥段小火炒出香味，倒入作法1雞蛋液攤平，改中火烘至蛋液熟透，盛出切成與土司相同大小的方片備用。
3. 全麥土司一面抹上乳瑪琳，放入烤箱中，以150℃略烤至呈金黃色，取出備用。
4. 取一片作法3全麥土司為底，依序放入美生菜、蕃茄片，蓋上另一片全麥土司，再放入作法2烘蛋片並淋上美乃滋，蓋上最後一片全麥土司，稍微壓緊切除四邊土司邊再對切成兩份即可。

73. 地瓜蒙布朗三明治

食譜示範：張瑞文

材料

地瓜	200公克
白豆沙	50公克
鮮奶油	50公克
熟蛋黃	1顆
奶油	少許
去邊土司	4片
擠花袋	1個

作法
1. 地瓜去皮切片，泡入水中去除澱粉質後瀝乾，再放入蒸籠蒸約15～20分鐘至熟軟後，搗成泥狀備用。
2. 熟蛋黃過篩後，與作法1的地瓜泥、白豆沙及鮮奶油攪拌均勻備用。
3. 將土司烤上色後，塗上奶油，將作法2的地瓜泥裝至擠花袋中，擠至土司上後，蓋上另一片土司，再對切即可。

74. 生機三明治

材料
胚芽葡萄麵包1片、紫高麗菜絲適量、苜蓿芽適量、松子少許、葡萄乾少許、蘋果絲適量

調味料
美乃滋30cc、原味優格15公克

作法
1. 取一容器,將所有材料(麵包除外)混合備用。
2. 調味料混合拌勻成醬汁。
3. 胚芽葡萄麵包縱向切開,但不切斷,塞入作法1的材料,淋上作法2的醬汁即可。

食譜示範:張瑞文

75. 青蔬貝果

材料
原味貝果	1個
捲葉萵苣葉	2片
苜蓿芽	少許
玉米粒	1大匙
起司片	1片
蕃茄片	3片
酸黃瓜片	3片
千島沙拉醬	適量

作法
1. 原味貝果橫切成兩片,抹上千島沙拉醬,備用。
2. 依序夾入捲葉萵苣葉、苜蓿芽、玉米粒、起司片、蕃茄片和酸黃瓜片,再淋上適量的千島沙拉醬,並蓋上另一片貝果即可。

食譜示範:杜麗娟

76. 鮪魚貝果

材料
原味貝果	2個	鹽	少許
鮪魚罐頭	1罐	廣東A菜	2片
洋蔥末	1/2個	蕃茄片	6片
沙拉醬	1000公克	紫洋蔥圈	少許
黑胡椒粉	少許		

作法
1. 將鮪魚肉取出瀝乾油份,加入洋蔥末、沙拉醬及黑胡椒粉、鹽拌勻備用。
2. 取一貝果橫切為二,先塗上作法1的沙拉醬,再依序放入廣東A菜、蕃茄片、鮪魚沙拉和紫洋蔥圈即可。

食譜示範:杜麗娟

漢堡的歡樂誘惑

漢堡自「漢堡」來？

　　想必很多人都有過這種疑惑：我們每天從早餐店、速食店買來的「漢堡」，與德國的地名「漢堡」究竟有沒有關聯呢？其實作為食物的漢堡到底是什麼人發明的，眾說紛紜，據說有三種看法較具可信度：

一、漢堡來自於德國的「漢堡」。當地的居民很早就發明將牛肉剁碎做成肉餅，夾在兩片麵包中間食用。十九世紀中期，許多德國人在移民的熱潮紛紛遷居美國，當然也把這種家鄉料理的作法帶到新大陸；也許因為做法簡單、便於攜帶的特，慢慢地在中下階級流行起來，演變至今這個料理反而在美國落地生根，成了最富代表 的食物。美國人自然地以它的出生地命名，「漢堡」的名字就是這麼來的。

二、「漢堡」是為了紀念一艘船。在歐洲的移民大量進入北美時，有一艘名叫「漢堡」的美國郵輪，發明了一種把碎片牛肉剁成末，再摻上加洋蔥肉餅的麵包，於是他們將這種麵包以油輪的名字起名為「漢堡」。當這些移民到了北美後，覺得漢堡這個食物既經濟又實惠，逐漸成為人們的日常用的便餐。

三、源自發明之國一「中國」。更正確的來說，世界上第一個漢堡，可能就是出現在七百年前，蒙古人分布的地區。蒙古人為遊牧民族，擅長騎馬；據說他們在騎馬時，會把生肉片夾在馬背和馬鞍之間，利用馬匹在奔跑之際所產生的摩擦熱，使生肉變得熟軟，然後在肉上撒一些鹽、胡椒、洋蔥等調味的食材，馬上就是一道方便可口的美食。

　　後來，一位德國船員在偶然的機會中嚐到這道美味，就把它的烹調方法帶回故鄉一德國的漢堡市，改以碎肉代替生肉片。一九〇四年在美國聖路易市的世界博覽會裡，有位廚師把漢堡夾在兩片麵包中出售，因為既便宜又好吃，還可邊看展覽邊享用，立刻就大受歡迎。

　　綜合以上幾種說法，不難發現「漢堡」最討喜的特色就是製作起來毫不費力（不過就是兩片麵包加上牛肉餅嘛！），便於攜帶，口感又很不錯，對於十九世紀或更早之前的平民階級而言，的確是非常方便的食物。

　　其實早在民初的名作家梁實秋，就曾在一篇名為【賣當勞】的文章中簡述了早期漢堡這種食物在美國的情況：「牛肉餅夾圓麵包，在美國也有它的一段變

遷史……所謂牛肉餅，小小的薄薄的一片碎肉，在平底鍋上煎得兩面微焦，取一個圓麵包（所謂bun），橫剖為兩片，抹上牛油，再抹上一層蛋黃醬，把牛肉餅放上去，加兩小片很薄的酸黃瓜。自己隨意塗上些微酸的芥末醬……價錢便宜，只要一角錢。名字叫做"漢堡格爾"（Hamburger）……」。現在看到這篇文章的人，或許就很容易想像早期這種便宜又便捷的食物，是怎樣迅速地在一般人之間流行起來的吧！

（摘錄自快樂廚房雜誌26期）

漢堡vs三明治——有何不同？

　　三明治的產生其實與漢堡有點像，都是為了方便而產生的食物，同樣也是以兩片麵包夾幾片肉和乳酪、各種調味料製成，它的歷史幾乎與麵包一樣古老。

據説「三明治」原出於英國東南部一個不大出名的小鎮，十三世紀時，鎮上有位三明治伯爵（The Earl of Sandwich）約翰‧蒙塔古，他非常沉迷於賭牌戲，總是廢寢忘食地玩橋牌，對於必須吃飯而中斷牌戲覺得很不耐煩；廚子為了配合他的習慣，索性將肉、蛋、菜夾在麵包片之中，讓他可以拿在手上邊賭邊吃。蒙塔古伯爵一高興就順口將這種速食叫作「三明治」，而其他賭客也學伯爵的樣子，好節省進餐的時間，這種食物的名聲很快傳開來，遠至歐洲大陸。從此，夾餡麵包片的食品，都被稱為「三明治」了。

説穿了，漢堡其實就是三明治的一種，因為英文裡的Sandwich指的就是「夾以肉類或果醬之麵包」。英文字Hamburger在辭典中的定義是碎牛肉、豬肉煎成的餅或是加牛肉餅的三明治，所以漢堡和三明治的區別並不是以麵包形狀與種類來做區分。由字面上看來，Hamburger只是指那片用碎牛肉做成的肉片，到美式餐館或速食店瞧瞧，英文菜單上的「雞肉漢堡」，其實叫做 Chicken Sandwich喔！

雖然漢堡發展到現在能夾各式各樣不同的肉餅，但一般説來，Hamburger在大部分的時候的確僅指絞牛肉。

漢堡怪怪news

☆不人道的韓國狗肉漢堡

　　即使面對保護 物協會人士的公開呼籲與抗議，喜歡香肉的南韓老饕與餐飲業者仍面不改色的認為－人民有享用狗肉的自由，更可怕的是，提倡食用狗肉的業者還打算推出從狗肉脂肪提煉出的化妝品，這些人聲稱「狗脂肪保養品」對皮膚保養具有神奇的功用。一位提倡吃狗肉的南韓大學教授還説，我們愈是遮遮掩掩，外國人叫得愈是大聲。對於世界各地的愛狗人士來説，這真是可怕的消息啊！

☆對鯨魚下手——日本的鯨魚肉漢堡

　　現在還在努力搶救擱淺的鯨魚與海豚的台灣，或許很難想像日本對鯨魚肉的狂熱；據微軟美國全國廣播公司4月26日報導，日本下關市的某商家推出了鯨魚漢堡，用兩片壓制好的飯餅夾上塗著燒烤醬的鯨魚肉做成漢堡，售價300日元，比一般漢堡貴了3.5倍。此外他們還提供炸鯨排三明治、鯨肉熱狗；生鯨魚肉、醃製的鯨魚皮、燻鯨肉和鯨舌片等鯨魚食品。同樣面對世界各國的指責聲浪，日本人的做法，實在令人不敢恭維。

☆你可聽過「老虎堡」？

　　所謂的「老虎堡」是之前世界高爾夫球好手-老虎伍茲來台灣時，大溪別館特別為他製作的專屬漢堡，這不是拿保育類動物老虎肉製成的，可別誤會囉！

這個「寰鼎大溪老虎堡」專門為愛吃漢堡的老虎伍茲設計，能提供運動員一餐所需的熱量，還外酥內軟的法國麵包夾上美國進口的牛腰背肉，瘦肉與肥肉的比例是95：5，另外還加上了許多特製的香料，再搭配煙燻培根、波士頓生菜、洋蔥、蕃茄、酸黃瓜和薯條，完成一個叫人口水直流、熱量高達三千大卡的超級大漢堡，一般人不只是吃不到這個超級大漢堡，也恐怕無福消受這驚人的熱量吧！

多汁漢堡肉排

食譜示範：吳庭宇

材料

絞肉	200公克
洋蔥	20公克
紅蘿蔔	5公克
西芹	5公克
紅酒	少許

調味料

醬油	10cc
糖	1/4茶匙
麵包粉	1大匙
黑胡椒粉	1/4茶匙
蛋	1/2顆

漢堡肉裡加入蔬菜末，可以增加漢堡肉排的水份和口感。

將洋蔥、胡蘿蔔及西芹全部去皮（西芹則只去除過老的外皮部份即可），洗淨後切末，分別放入盆中，備用。

所有材料一起拌勻可讓肉排更入味，且蛋可增加黏性不容易散開。

將絞肉用刀背敲打後，加入所有調味料及作法1的材料，一起拌勻至調味料全被絞肉吸收為止。

用力摔打絞肉糰的用意是讓肉質有筋，全部的材料更緊密，口感更好。

將作法2的絞肉糰整個拿起往容器裡用力摔打十數下，至絞肉糰黏稠且出筋。

用雙手拍打肉排至需要的厚度，口感較紮實。

將作法3的絞肉糰以雙手捏拍成圓餅狀約2～3個，厚度約在2公分內。

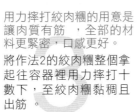

肉餅一定要在鍋熱、油也熱時才放入，這樣才能將肉餅快速定型且鎖住肉汁。

取一平底鍋，倒入少許油燒熱，再放入作法4的肉餅以中火煎，起鍋前倒入少許紅酒，增加漢堡肉排的香氣即可。

牛肉漢堡排

材料
牛絞肉（牛里肌肉）150公克、洋蔥1/2顆、紅蘿蔔100公克、蛋白1顆、沙拉油1大匙

調味料
黑胡椒2小匙、鹽少許、糖1小匙、中筋麵粉1又1/2大匙

作法
1. 四季豆洗淨、去頭尾；紅甜椒洗淨、去蒂切小段，均汆燙至熟，撈起瀝乾；紫高麗菜洗淨、切絲備用。
2. 洋蔥、紅蘿蔔去皮，洗淨後切小碎丁，放入大攪拌盆中。
3. 在作法2中放入牛絞肉、蛋白與全部的調味料，一起拌均勻。
4. 手掌沾上少許油，再將作法3的材料抓成圓球，放入手掌心中，以雙手將肉排兩面交互拍打成厚度約2公分的圓餅狀。
5. 熱鍋倒入1大匙油以中火燒熱，放入作法4的牛肉漢堡排，再以中小火續煎熟至兩面呈金黃色即可。

食譜示範：吳碧妤

雞肉漢堡排

食譜示範：吳碧妤

材料
雞絞肉（雞胸肉）150公克、洋蔥1/2顆、玉米粒130公克、蛋白1顆、沙拉油1大匙

調味料
黑胡椒2小匙、鹽少許、糖1小匙、中筋麵粉1又1/2大匙

作法
1. 四季豆洗淨，去頭尾；綠花椰菜洗淨，切小朵；均放入滾水中汆燙至熟，撈起瀝乾備用。
2. 洋蔥去皮，洗淨後切成小碎丁狀，放入大攪拌盆中。
3. 在作法2中放入雞絞肉、蛋白、玉米粒與全部的調味料，一起攪拌均勻。
4. 手掌沾上少許油，再將作法3的材料抓成圓球，放入手掌心中，以雙手將肉排兩面交互拍打成厚度約2公分的圓餅狀。
5. 熱鍋中倒入1大匙油以中火燒熱，放入作法4的雞肉漢堡排，再以中小火煎熟至兩面呈金黃色即可。

營養師漫談漢堡

Q1 速食與小孩的成長發育有沒有關係？

A 常見外國小孩發育的很早，除了體質的遺傳外，與他們高蛋白質的飲食習慣有關，因為蛋白質會促進男／女發育荷爾蒙的增加，使得外國小孩年紀輕輕就看起就有大人的外型，但是有些時候這樣的飲食習慣會造成脂肪堆積，使身材肥胖；早熟的身體對孩子來說不一定較好，最好的促進發育方式是適當的運動，一方面代謝掉過多的荷爾蒙，一方面對消耗熱量、增進發育各方面都較好。

Q2 滿街的漢堡美味，為了健康只能看不能吃，真是難過，可以請教多久食用一次速食是最佳時機呢？

A 一般來說一個漢堡的熱量，少則300卡，多則700卡以上，搭配套餐則更驚人，不論是大人或是小孩都不宜太頻繁的食用，建議一個星期吃1～2次就可以了。如以漢堡作為正餐，一次一個漢堡就好了，千萬別一次吃兩三個，這樣熱量會太高。而成份越單純、越少層、價格越便宜的漢堡，通常脂肪含量、熱量也會越低，所以在吃漢堡時，不妨挑內容單純的，飲料儘量避免可樂、汽水、奶茶等高熱量的，最好是喝無糖豆漿或脫脂鮮奶。

營養師：趙思姿
趙思姿健康營養教室負責人、中華民國肥胖研究學會理事、中華民國糖尿病衛教學會合格衛教師、Good TV健康家族節目營養顧問、KingNet國家網路醫院顧問、報章雜誌專欄諮詢顧問。

Q3 一般漢堡除了麵包及肉類外，夾餡內容很多，從健康的角度來看，哪種肉類（雞、豬、牛、罐頭鮪魚…）最佳？哪些食材又是該避免的？

A 肉類方面，單塊的肉塊如雞胸、雞腿肉為內餡，比加工過、由絞肉製成的肉排、肉餅的肉質更好，吃起來也比較安心。如果漢堡中已經夾了肉，最好不要再夾起司或蛋，會為漢堡再增加100大卡的熱量，常以漢堡當早餐的人建議常換口味，不要夾一樣的東西，有助降低熱量。

Q4 自己製作漢堡，該選擇哪些食材才能讓身體更健康？若長期以漢堡類為正餐，對身體會有不良的影響嗎？

A 漢堡中熱量的來源就是含油脂的醬料，避免這些醬料一定比較健康。如果是自己做漢堡，可多加些生菜、苜蓿芽、蕃茄、洋蔥等蔬菜，搭配起司、荷包蛋等都不錯，偶爾自素食漢堡也很好吃，又很健康喔！但是千萬不要長期以漢堡當正餐，不僅容易發胖，脂肪的堆積也會造成心血管疾病，有導致中風的危險；此外像脂肪肝、或因尿酸導致痛風；高蛋白的食物則有鈣質攝取不足的問題，會造成骨質酥鬆，鹽分攝取過多則會引起高血壓，這些都是加工、調味食品對身體健康的影響，愛吃速食的人千萬要注意！

（摘錄自快樂廚房雜誌26期）

77. 美式漢堡

材料

漢堡麵包	1個
漢堡肉	1片
廣東A菜	1片
美生菜絲	少許
起司片	1片
蕃茄片	2片
紫洋蔥圈	適量
沙拉醬	少許
蕃茄醬	少許

作法

1. 取鍋，加入少許油燒熱，放入漢堡肉煎熟。
2. 漢堡包橫切一刀不切斷，抹上沙拉醬。
3. 再依序夾入廣東A菜、美生菜絲、起司片、蕃茄片、漢堡肉和紫洋蔥圈，最後再擠上蕃茄醬即可。

食譜示範：杜麗娟

食譜示範：吳庭宇

78. 紐奧良烤雞堡

材料
去骨雞翅1隻、紫洋蔥圈1
片、蕃茄片1片、生菜葉1
片、漢堡麵包1個

調味料
蕃茄醬1茶匙、糖 1/4 茶
匙、醬油 10cc、蒜末2公
克、黑胡椒粉 1/4 茶匙、黃
芥末 1/4 茶匙

作法
1. 將去骨雞翅與所有調味料拌勻後醃約15分鐘
   至入味，備用。
2. 將作法1的醃雞翅取出置於烤盤中，放入已
   預熱的烤箱內，以150℃的溫度烤約5分鐘後
   取出，再塗上一次醃料(作法1剩餘的)，再以
   180℃的溫度烤約8分鐘取出。
3. 將漢堡麵包放進烤箱略烤至熱，取出後橫剖
   開，於中間依序放上生菜葉、作法2烤好的去
   骨雞翅、蕃茄片和洋蔥片即可。

79. 黃金鮪魚沙拉堡

材料

罐頭鮪魚50公克、洋蔥末20公克、玉米粒10公克、生菜葉1片、漢堡麵包1個

調味料

美乃滋1大匙、糖1/4茶匙、黑胡椒粉1/4茶匙

作法

1. 將罐頭鮪魚和玉米粒罐頭的湯汁瀝乾，倒入調理盆中，再加入洋蔥末及所有調味料，拌勻即為鮪魚沙拉。
2. 將漢堡麵包放進烤箱略烤至熱，取出後橫剖開，於中間依序放上作法1的鮪魚沙拉及生菜葉即可。

食譜示範：吳庭宇

80. 洋菇蔬菜蛋堡

材料

漢堡麵包1個、蛋2顆、玉米粒5公克、西芹末2公克、蘑菇片10公克、紅蘿蔔末2公克、蕃茄片2片、廣東生菜葉2片、紫洋蔥圈2片、美乃滋1大匙、沙拉油少許

調味料

鹽1/4茶匙

作法

1. 將蛋加入鹽打散成蛋液，備用。
2. 鍋燒熱，倒入沙拉油，將西芹末、蘑菇片、紅蘿蔔末放入平底鍋內炒香，再徐徐倒入作法1的蛋液略微混合後，以小火烘至熟。
3. 將漢堡麵包放進烤箱略烤至熱，取出後橫剖開，內層塗上美乃滋，放上蕃茄片、廣東生菜葉、作法2的蔬菜烘蛋和紫洋蔥圈即可。

食譜示範：吳庭宇

81. 黑胡椒牛肉大亨堡

材料

牛肉片100公克、洋蔥絲10公克、蕃茄片2片、小黃瓜片5片、廣東生菜1片、大亨堡麵包1個、沙拉油少許

調味料

黑胡椒醬2大匙、糖1/2茶匙

作法

1. 鍋燒熱，倒入少許沙拉油，先將洋蔥絲放入鍋中炒香，再加入牛肉片和所有調味料稍微翻炒拌勻後熄火，即為黑胡椒牛肉內餡。
2. 將大亨堡麵包放進烤箱內略烤數秒至溫熱，先夾入1片廣東生菜，接著放入蕃茄片、小黃瓜片，再放入作法1的黑胡椒牛肉即可。

食譜示範：吳庭宇

82.馬鈴薯沙拉堡

材料

船型麵包............. 1個	小黃瓜片......... 1/2條
馬鈴薯................. 1顆	紅蕃茄塊............. 1片
美乃滋.............. 適量	滷蛋................. 1/4片
火腿片丁............. 1片	美生菜葉............. 2片

調味料

鹽適量、白胡椒粉適量

作法

1. 馬鈴薯洗淨去皮切片，放入鍋中蒸熟後，搗成泥狀，加入美乃滋、火腿片丁、鹽、白胡椒粉混合拌勻。
2. 取船型麵包，依序放入美生菜葉、作法1的材料，再放入滷蛋、小黃瓜片和半月形的紅蕃茄片即可。

食譜示範：張瑞文

83.芥末熱狗堡

材料

船型麵包.................................1個
廣東A菜.................................2片
大熱狗....................................1根
沙拉醬.................................少許
酸黃瓜醬........................10公克
黃芥末.................................少許

作法

1. 大熱狗放入滾水中燙熟或放入鍋中煎熟即可。
2. 在船型麵包的中間切面塗抹上少許沙拉醬，依序放入廣東A菜和大熱狗。
3. 食用前再淋上酸黃瓜醬和黃芥末即可。

食譜示範：杜麗娟

84.燻雞潛艇堡

材料

法國麵包......... 1/4段	燻雞肉....... 40公克
紫洋蔥圈............. 適量	酸黃瓜片............. 3片
捲葉萵苣............. 2片	沙拉醬............. 少許
生菜絲............. 少許	黑胡椒粉............. 適量

作法

1. 法國麵包橫切成兩片，放入烤箱中略烤熱，塗抹上沙拉醬。
2. 放入紫洋蔥圈、捲葉萵苣、生菜絲、燻雞肉和酸黃瓜片後，撒上黑胡椒粉，擠上沙拉醬，再蓋上另一片法國麵包即可。

食譜示範：杜麗娟

85. 雞肉培根堡

材料

漢堡包2個、雞胸肉120公克、培根2片、萵苣葉2片、紅蕃茄片2片、黃甜椒適量、起司片2片、酸黃瓜少許、奶油適量

醬汁

美乃滋30公克、蕃茄醬15公克

作法

1. 雞胸肉切薄片，撒上少許鹽和黑胡椒粉（材料外）乾煎至熟；培根乾煎至熟備用。
2. 萵苣葉泡入冰水中；醬汁混合拌勻備用。
4. 取一漢堡包略烤，抹上適量奶油，依序放入一片作法2的萵苣葉、紅蕃茄片、作法1的雞胸肉、培根片、起士片和黃甜椒片，再淋上適量作法2的醬汁，放上酸黃瓜即可。

食譜示範：張瑞文

86. 鮮菇堡

材料

芝麻核桃麵包2片、杏飽菇100公克、生香菇2朵、蒜片1顆、羅美生菜2片、橄欖油18cc、奶油適量

調味料

白酒15cc、鹽適量、白胡椒粉適量

作法

1. 杏飽菇、生香菇洗淨瀝乾，切成一口大小片狀，備用。
2. 取鍋，加入橄欖油燒熱，放入蒜片炒香，續加入作法1的菇片略拌炒一下，淋入白酒拌炒均勻，以鹽和白胡椒粉調整味道。
3. 芝麻核桃麵包放入烤箱熱烤，抹上適量奶油，放入羅美生菜和作法2的菇片即可。

食譜示範：張瑞文

87. 鐵板雞肉沙威瑪

材料

長形麵包1個、奶油40公克、罐裝黑胡椒醬2大匙、高湯100cc、雞肉片70公克、洋蔥絲50公克、生菜絲50公克、蕃茄片3片、美乃滋適量

作法

1. 長形麵包放入烤箱以180℃略為加熱，從側邊切開成二半備用。
2. 取一平底鍋，以奶油將洋蔥炒香，放入雞肉以中火炒約4分鐘至熟，再加入罐裝黑胡椒醬、高湯，拌炒2分鐘後熄火備用。
3. 取烤好的長形麵包，依序由下層麵包開始，疊上生菜絲、蕃茄片、美乃滋，最後將炒好的雞肉放上，蓋上麵包上層即可。

食譜示範：董孟修

67

食譜示範：張瑞文

88. 辣味熱狗堡

材料

船型麵包1個、德式香腸1條、剝皮辣椒1條、橄欖油50公克

調味料

A 蕃茄1顆（150公克）、蕃茄醬100公克、洋蔥末200公克、蒜末10公克、薑末10公克、水100cc、砂糖6公克

B 鼠尾草少許、羅勒少許、月桂葉1片

C 雞粉少許、鹽少許、黑胡椒粉少許、辣椒醬汁10公克

作法

1. 德式香腸放入滾沸水中煮熟，撈起瀝乾；剝皮辣椒斜切片狀備用。

2. 蕃茄尾部劃十字，放入滾沸水中略汆燙，撈起去皮，切丁備用。

3. 取鍋，加入橄欖油燒熱後，加入洋蔥末、蒜末、薑末炒至柔軟後，加入水、砂糖和作法2的蕃茄丁、蕃茄醬和調味料B煮至濃稠，再加入調味料C略煮即成辣味蕃茄醬。

4. 取船型麵包，放入烤箱中略烤至外表酥脆，放入作法1的德式香腸，填入作法3的辣味蕃茄醬，再放上作法1的剝皮辣椒片即可。

食譜示範：張瑞文　　　食譜示範：董孟修

89. 柔嫩香滑蛋堡

材料

大餅	1/2塊
全蛋	2顆
茴香	適量
奶油	15公克

調味料

牛奶	15cc
鹽	適量
黑胡椒粉	適量

作法

1. 大餅對切成二等份，放入烤箱中略烤熱備用。
2. 茴香洗淨瀝乾，切碎末狀。
3. 取一容器，打入二顆全蛋加入牛奶、鹽和黑胡椒粉混合拌勻，再加入茴香攪拌。
4. 取平底鍋，加入奶油燒熱，倒入作法2的蛋液，煎至半熟液態狀，以筷子快速攪拌後即可起鍋盛盤，再於盤內放上作法1的大餅即可。

90. 香腸玉米煎蛋

材料

A 罐裝巴克香腸2根、水100cc
B 罐裝玉米粒3大匙、雞蛋2個、洋蔥碎20公克、青、黃、紅甜椒碎各8公克、鹽適量、糖適量、黑胡椒粉(粗)適量、橄欖油4大匙

調味料

罐裝蕃茄醬3大匙、蒜碎1茶匙、檸檬汁1茶匙、糖適量

作法

1. 先將蕃茄醬、蒜碎、檸檬汁、糖攪拌均勻成蒜味蕃茄醬備用。
2. 取一湯鍋加水，以中火將巴克香腸煮熟（約5分鐘），放入盤中備用。
3. 取一盆，將罐裝玉米粒、雞蛋、洋蔥碎、三色椒碎、鹽、糖、黑胡椒粉打散成蛋料備用。
4. 用平底鍋加橄欖油，將作法3的蛋料煎熟至表面成金黃色，盛入作法2的盤中，再淋上作法1的醬汁即可。

91. 乳酪蛋卷

材料
雞蛋3顆、牛奶30cc、乳酪絲20公克、培根1片、奶油1大匙

調味料
鹽少許、黑胡椒粉少許

作法
1. 培根切小片,煎出油脂,盛起備用。
2. 將雞蛋打入容器中,加入調味料的所有材料和牛奶混合拌勻。
3. 取鍋燒熱,加入1大匙食用油潤鍋,放入1大匙奶油溶化後,倒入作法2的蛋液,平均鋪上乳酪絲和作法1的培根片。
4. 待蛋液邊緣膨起,用筷子攪拌,煎至半熟狀,移至壽司竹簾上,整成圓型即可。

食譜示範:張瑞文

92. 鮪魚泡芙

材料
泡芙4個、鮪魚罐頭(小)1罐、小蕃茄4顆、鹽適量、白胡椒粉適量、洋蔥(小)1/2顆、小黃瓜1條、美乃滋36公克、原味優格36公克

作法
1. 鮪魚瀝乾水分或油漬備用。
2. 小蕃茄去蒂頭,尾部劃十字,放入沸水中汆燙後,撈起去皮切小丁狀;小黃瓜用鹽搓揉洗淨,切小丁狀備用。
3. 洋蔥洗淨切末,用紗布包裹沖洗、搓揉、扭乾去辛辣味備用。
4. 取一容器,放入美乃滋、原味優格和作法1的鮪魚、作法2的蕃茄丁、小黃瓜丁和作法3的洋蔥末混合拌勻。
5. 泡芙橫向切開,填入適量的作法4餡料即可。

食譜示範:張瑞文

93. 焗烤法國麵包

材料
法國麵包片4片、美生菜4片、小蕃茄4個、火腿片1片、起司片2片、玉米粒3大匙、法式白醬4大匙、黑胡椒粉1/2小匙、乳酪絲80公克、巴西里碎少許

作法
1. 美生菜洗淨瀝乾水份切絲;火腿、小蕃茄和起司片切小丁狀,再和玉米粒、法式白醬、黑胡椒粉混合攪拌備用。
2. 取一片法國麵包,鋪上適量的作法1餡料,撒上乳酪絲放至烤盤上,重複前述步驟至法國麵包用完為至。
3. 放入烤箱中,以上火220℃、下火160℃烤約10～15分鐘,至表面金黃取出,撒上巴西里碎即可。

食譜示範:杜麗娟

94. 鮮奶薄餅

材料

A 低筋麵粉75公克、細砂糖12公克、全蛋1個、牛奶180公克、奶油20公克、味酥10公克

B 水蜜桃罐頭1罐、糖粉少許

作法

1. 低筋麵粉先過篩;奶油先融化備用。
2. 將所有材料A混合成麵糊,靜置1小時。
3. 平底鍋燒熱,塗上薄薄一層油(奶油或沙拉油皆可),以小火加熱,將麵糊倒入成圓餅狀,煎至邊緣呈現金黃色即可。食用時,將水蜜桃切片,包入薄餅內對折,外面再撒些糖粉即可。

備註:薄餅中也可包入喜愛的果醬或鮮奶油,口感更滑潤。

食譜示範:蔡閔如

95. 乳酪餅夾蛋

材料

市售乳酪餅	2片
去邊土司	2片
全蛋	1顆
洋蔥絲	1/4顆
小黃瓜絲	1/4條

調味料

千島醬	1大匙

作法

1. 蛋打散,煎成蛋片狀備用。
2. 取一片土司抹上千島醬,依序鋪上蛋片、洋蔥絲和小黃瓜絲。
3. 將乳酪餅直接放入乾鍋中煎至兩面焦脆,再將一片作法1的土司片放入,對折後輕壓定型即可。

食譜示範:趙筱培

96. 豆腐焦糖鬆餅

材料

鬆餅粉200公克、全蛋1個、板豆腐1塊、牛奶150cc、市售焦糖醬1大匙

作法

1. 先將板豆腐搗爛,將板豆腐的水份稍微擰乾備用。
2. 取一個容器放入鬆餅粉與牛奶、全蛋,使用打蛋器攪拌均勻。
3. 將作法1的板豆腐加入作法2的容器,再使用湯匙輕輕的攪拌均勻。
4. 取一個平底不沾鍋加入少許的沙拉油(材料外),鍋熱後緩緩倒入作法3的鬆餅粉液,用小火將二面煎呈金黃色,起鍋盛盤後再淋上市售焦糖醬即可。

食譜示範:邱寶郎

食譜示範：張穎嬿　　食譜示範：張穎嬿

97. 嫩汁雞肉沙拉

材料
雞腿1隻（約80公克）、蒜頭4～5個（約
15公克）、結球萵苣80公克、彩色甜椒
40公克、黑胡椒粉1小匙、鹽1小匙

調味料
檸檬汁1大匙、果糖1/2大匙、橄欖油1
小匙、黑胡椒粒少許

作法
1. 結球萵苣及彩色甜椒洗淨瀝乾並切絲，
   鋪在盤底備用。
2. 檸檬汁加果糖充分拌勻，再加入橄欖油
   並撒上黑胡椒粒拌勻即為檸檬醬汁。
3. 雞腿洗淨，於肉上輕劃數刀，可使調味
   料入味；蒜頭去皮拍碎，切末備用。
4. 將蒜末與黑胡椒粉、鹽均勻抹在作法1的
   雞腿上，約醃30分鐘至入味後，放入
   已預熱5分鐘的烤箱中，以上下火各
   170℃烤約30分鐘，至雞肉熟透。
5. 將雞腿去皮並剝成絲，鋪在作法1的材
   料上，淋上作法2的檸檬醬汁即可。

98. 低脂三色蔬菜棒

材料
小黃瓜2條（約80公克）、西洋芹
3大支（約80公克）、紅蘿蔔2/3條
（約80公克）

調味料
優格1/2杯、洋蔥15公克、水煮蛋
1/4個、蕃茄醬1小匙、黃芥末醬1/4
小匙、水果醋1/2小匙

作法
1. 將小黃瓜、西洋芹、紅蘿蔔洗淨瀝乾，
   備用。
2. 將調味料全部放入果汁機拌打均勻，即
   為特製低脂沙拉醬。
3. 小黃瓜去頭尾、西洋芹去粗絲、紅蘿蔔
   去皮後皆切長條狀裝杯，沾作法2的特
   製低脂沙拉醬食用即可。

99. 蕃茄醋沙拉

材料
蕃茄1個、綠花椰菜50公克、花枝40公克

調味料
梅子粉1小匙、鹽適量、水果醋2大匙、橄欖油1小匙

作法
1. 綠花椰菜洗淨切小朵，放入加有少許鹽的滾水燙熟，撈起泡冰水待涼瀝乾備用。
2. 蕃茄洗淨去蒂頭切六瓣，與綠花椰菜一同盛盤；水果醋中加入橄欖油拌勻。
3. 花枝去內臟並洗淨，燙熟後沖涼（燙花枝時，只需滾水燙2～3分鐘即可，否則煮過久肉質會變硬），取頭足或花枝身切片，與作法1、2的材料一起放入盤中，撒上少量梅子粉再淋上作法2醬汁即可。

食譜示範：張穎嬿

100. 草莓優格沙拉

材料
草莓............6個（約120公克）
奇異果....................1/3個

醬汁
原味優格..............................1/2杯
草莓......................................2個

作法
1. 草莓洗淨去蒂並對切；奇異果洗淨去皮後切小丁備用。
2. 將醬汁材料裡的草莓洗淨去蒂後，連同優格放入果汁機拌打均勻。
3. 將作法1的草莓及奇異果放入盤中，再淋上作法2的醬汁即可。

食譜示範：張穎嬿

101 水果牛奶沙拉

材料
蘋果1個、奇異果1個、鳳梨1片、水蜜桃1個、草莓3顆

調味料
鮮奶100公克、柳橙汁150公克、全蛋1個、細砂糖30公克、玉米粉15公克、原味優格100公克

作法
1. 將所有水果均切成小丁備用。
2. 將細砂糖與全蛋先拌勻，再加入玉米粉、柳橙汁及牛奶拌勻，然後以中火加熱，中途須不停地攪拌，一直煮至糊化程度即可熄火，稍涼後加入優格拌勻即為沙拉醬。
3. 將做好的沙拉醬淋在水果丁上即可。

備註：柳橙汁必須是100%原汁，也可換成其他任何您喜歡的果汁，變化口味。

食譜示範：蔡閔如

102. 乳酪沙拉

材料
捲生菜100公克、萵苣（綠萵苣及紫萵苣）150公克、四季豆10公克、黃甜椒20公克、紅甜椒20公克、蕃茄椒20公克、莫扎雷拉乳酪50公克、橄欖油60cc

調味料
醋20cc、鹽適量、胡椒適量

作法
1. 捲生菜、萵苣洗淨，瀝乾水份切片；四季豆洗淨，瀝乾水份切段狀備用。
2. 黃甜椒、紅甜椒、蕃茄椒洗淨切條；莫扎雷拉乳酪切丁，備用。
3. 將作法1的捲生菜片、萵苣片、四季豆段、作法2的黃甜椒條、紅甜椒條、蕃茄椒條混合均勻，撒上莫扎雷拉乳酪丁。
4. 取一鍋，放入橄欖油、醋、鹽及胡椒拌勻後加熱即為醬汁。
5. 將作法4的醬汁淋在作法3的蔬菜上即可。

食譜示範：林勃攸

103. 蝦仁沙拉

食譜示範：林勃攸

材料
蝦仁120公克、萵苣（綠萵苣和紫萵苣）150公克、小豆苗少許、法國麵包丁20公克、荷蘭芹碎3公克、高湯200cc

調味料
薑醋汁2大匙

作法
1. 將高湯煮沸，放入蝦仁以小火汆燙至熟撈起；法國麵包丁放入烤箱中烤至表面上色；萵苣洗淨、瀝乾切片，備用。
2. 取一碗，先放入萵苣片，再放入蝦仁，撒上法國麵包丁、小豆苗，最後淋上薑醋汁、撒上荷蘭芹碎及可。

美 味 加 分 點　　　[薑醋汁]

材料：白酒醋60cc、薑30公克、砂糖適量、鹽適量、胡椒粉適量、橄欖油180cc
作法：
1. 薑切成小碎丁備用。
2. 平底鍋以小火加熱，先加入白酒醋及適量的砂糖、鹽、胡椒粉略煮一下，再加入橄欖油續煮約10～20秒即可。

食譜示範：辜惠雪　　　　　食譜示範：徐茂鑫

104. 燻雞凱薩沙拉

材料

蘿蔓生菜1/2顆、英札瑞拉起司100公克、煙燻雞肉片2大片、培根3大片、大蒜麵包丁50公克、起司粉1大匙、黑胡椒少許

醬料

A 鯷魚罐頭1罐、蒜末1大匙、芥末籽20公克、梅林辣醬100cc、橄欖油200cc、白酒醋20cc

B 美乃滋適量

作法

1. 將所有醬料A用果汁機打勻，再拌入美乃滋調至適當濃稠成為凱薩醬備用。

2. 將蘿蔓生菜洗淨剝小塊，浸泡冰水10分鐘使口感爽脆，撈起瀝乾，與作法1的凱薩醬混拌均勻，裝入盤中備用。

3. 將英札瑞拉起司切成條狀；煙燻雞肉片切成一口大小；培根切小片，在鍋中乾烤至出油；大蒜麵包丁放入烤箱烤至金黃色備用。

4. 將作法3的所有材料舖在作法2的生菜上，撒上起司粉、黑胡椒即可。

105. 田園沙拉

材料

萵苣1/4個、小黃瓜2條、黃甜椒1/3個、紅甜椒1/3個、蘋果1/2個

調味料

葡萄乾1小匙、起司粉1/2小匙、百香果醬汁1/2杯

作法

1. 萵苣一片片剝開洗淨後，以手撕成小片狀；小黃瓜洗淨，切片；黃甜椒、紅甜椒洗淨，去籽，切成長條狀；蘋果洗淨，切薄片，並立刻泡入鹽水中備用。

2. 將作法1的材料瀝乾水份後，平舖於盤中，食用前依序淋上百香果醬汁、撒上葡萄乾、起司粉即可。

美│味│加│分│點　　　**[百香果醬汁]**

材料：橄欖油2小匙、優酪乳1小匙、柳橙汁1大匙

作法：百香果對切，挖出果肉，放入果汁機中絞碎，再倒入碗中，與所有調味料一起攪拌均勻即可。

48種
日韓南洋早餐
清爽和風、勁辣韓風、酸辣南洋，最開胃的早餐都在這裡！

捏日式飯糰的基本功

製作方式1 利用手套與雙手

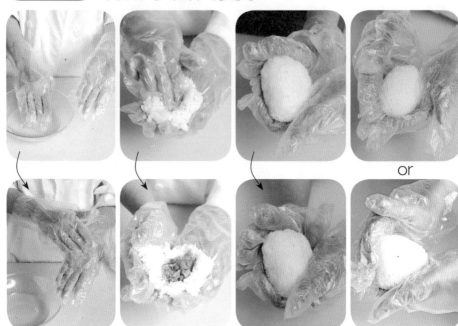

1. 雙手先沾濕再抹少許鹽。
2. 飯糰挖洞包料再蓋飯填合（無包料此步驟可省略）。
3. 用雙手先將飯糰捏緊。
4. 接著整型成喜愛的形狀。

製作方式2 利用三角飯糰模型1
(摘錄自快樂廚房雜誌第17期)

1. 模型事先以水沾濕，將飯填入模型凹槽至滿。
2. 將模型蓋子對準凹槽蓋上往下壓實。
3. 掀開蓋子，取出成型的飯糰。
4. 可依喜好食材裹上海苔片即可。

製作方式3 利用三角飯糰模型2
(摘錄自快樂廚房雜誌第40期)

1. 鋪一層白飯至模型凹槽底部。
2. 將餡料加入飯糰中間。
3. 蓋上白飯並用力往下壓實，修邊整型。
4. 取出成型的飯糰，依喜好裹上海苔即可。

食譜示範‧張瑞文

106. 鹽烤鮭魚飯糰

材料
新鮮鮭魚120公克、鹽適量、小黃瓜1條、白飯適量、海苔4片

作法
1. 烤架鋪上一張錫箔紙,於表面抹上薄薄一層油,備用。
2. 鮭魚洗淨、擦乾水分,均勻撒上適量的鹽,放在作法1的錫箔紙上,移入已預熱的烤箱中,用180℃烤約10～15分鐘至熟後取出,去刺、剝碎,備用。
3. 小黃瓜先用適量鹽搓揉,再沖水洗去鹽分,剖開去籽後切小丁,備用。
4. 將白飯與作法2、3的材料一起拌勻,再取適量捏緊成飯糰,可依喜好分別包成數顆或再裹上海苔即可(飯糰造型可依個人喜好作變化)。

107.蒜香培根飯糰

材料
蒜頭（切片）數顆、培根60公克、香菜1
支、白飯適量、海苔4片

作法
1. 蒜頭去皮切薄片，煎炸酥脆、放涼切粗
   末；培根煎出油脂、切粗末；香菜洗淨切
   末狀，備用。
2. 將白飯與作法1的蒜片、培根末、香菜末
   一起拌勻，再取適量捏緊成飯糰，可依喜
   好分別包成數顆或再裹上海苔即可（飯糰
   造型可依個人喜好作變化）。

食譜示範：張瑞文

108.柴魚梅肉飯糰

材料
柴魚片（細）6公克、梅肉（去籽）3顆、
白芝麻（炒過）少許、白米300公克、十
穀米60公克、水400cc、海苔片1片、大
葉1片
調味料
醬油6cc、味醂6cc

作法
1. 白米和十穀米混合洗淨後，加入400cc的
   水，放入電鍋中煮至開關跳起，打開鍋蓋
   翻動米飯，燜一下備用。
2. 醬油和味醂混合拌勻，加入柴魚片、去籽
   梅肉和炒過的白芝麻拌勻。
3. 取適量的作法1米飯，包入作法2的材料，
   整成三角型的外觀，再分別包上海苔片或
   大葉即可。

食譜示範：張瑞文

109.榨菜筍香飯糰

材料
豬絞肉50公克、榨菜60公克、熟筍120
公克、紅辣椒丁1支、蒜末2顆、白飯適
量、海苔適量

作法
1. 榨菜、熟筍切小丁，放入滾水中汆燙約1
   分鐘後撈起瀝乾，備用。
2. 熱鍋，加入適量油，炒香蒜末，放入豬絞
   肉炒散，續加入作法1的榨菜丁與熟筍丁
   拌炒均勻，並加入辣椒丁拌勻配色。
3. 將白飯與作法2的材料一起拌勻，再取適
   量捏緊成飯糰，可依喜好分別包成數顆或
   再裹上海苔即可。

食譜示範：張瑞文

110. 肉鬆飯糰

材料
A 市售海苔芝麻肉鬆40公克、美乃滋
  20公克
B 白飯適量、熟白芝麻適量、海苔適量

作法
1. 海苔芝麻肉鬆與美乃滋拌勻即成內餡，備用。
2. 白飯與熟白芝麻拌勻，備用。
3. 取適量作法1的內餡包入作法2的白飯中捏緊成飯糰，可依喜好分別包成數顆或再裹上海苔即可。

食譜示範：張瑞文

111. 玉米鮪魚飯糰

材料

A	鮪魚罐頭	1罐
	甜玉米粒	80公克
	美乃滋	30公克
	粗黑胡椒粉	適量
	鹽	少許
B	白飯	適量
	海苔	適量

作法
1. 將鮪魚取出，瀝乾水份並剝散，再加入其它材料A一起拌勻，成內餡備用。
2. 取適量作法1的內餡包入白飯中捏緊成飯糰，可依喜好分別包成數顆或再裹上海苔即可。

食譜示範：張瑞文

112. 蜜汁鰹魚花飯糰

材料
A 細柴魚片20公克、
  熟白芝麻適量
B 白飯適量、熟白芝
  麻適量、海苔適量

調味料
水60cc、米酒30cc、
味醂18cc、醬油30
cc、糖24公克、麥芽
糖10公克

作法
1. 將所有調味料混合拌勻，成煮汁，備用。
2. 取鍋，加入作法1的煮汁、細柴魚片，用中小火慢慢煮至收汁、變稠且入味，再撒上熟白芝麻略拌勻，即為內餡備用。
3. 取適量作法2的內餡包入白飯中捏緊成飯糰，表面可撒上適量熟白芝麻裝飾，可依喜好分別包成數顆或再裹上海苔即可。

食譜示範：張瑞文

素香鬆飯糰

吻仔魚飯糰

櫻花蝦飯糰

113. 素香鬆飯糰

材料
素香鬆.....................適量
白飯.........................2碗
海苔.........................適量

作法
取適量白飯捏緊成飯糰,並於表面均勻撒上素香鬆,可依喜好分別包成數顆或再裹上海苔即可(飯糰造型可依個人喜好作變化)。

食譜示範:張瑞文

114. 吻仔魚飯糰

材料
熟吻仔魚........50公克　　低筋麵粉............少許
市售紫蘇梅粉....適量　　白飯.....................適量
鹽.....................少許　　海苔.....................適量

作法
1. 吻仔魚放入滾水中快速汆燙、再撈起瀝乾,均勻撒上鹽與低筋麵粉,放入油鍋中以200℃的油溫炸至略為上色後,瀝乾油份,備用。
2. 將白飯與作法1的材料一起拌勻,再取適量捏緊成飯糰,並於表面均勻撒上紫蘇梅粉,可依喜好分別包成數顆或再裹上海苔即可(飯糰造型可依個人喜好作變化)。

食譜示範:張瑞文

115. 櫻花蝦飯糰

材料
熟櫻花蝦........70公克　　胡椒粉.................少許
青辣椒(切丁)1支　　白飯.....................適量
蒜末.....................2顆　　海苔.....................適量
鹽.....................少許

作法
1. 櫻花蝦放入滾水中快速汆燙、再撈起瀝乾,備用。
2. 熱鍋,加入適量油,炒香蒜末,再放入櫻花蝦與青辣椒丁拌炒均勻,以鹽與胡椒粉調整味道,備用。
3. 將白飯與作法2的材料一起拌勻,再取適量捏緊成飯糰,可依喜好分別包成數顆或再裹上海苔即可(飯糰造型可依個人喜好作變化)。

食譜示範:張瑞文

油飯飯糰

五穀米飯糰

榨菜櫻花蝦飯糰

84

116. 油飯飯糰

食譜示範：張瑞文

材料

長糯米	2杯
肩里肌肉	100公克
蝦米	10公克
沙拉油	適量
乾燥香菇	5朵(約10公克)
海苔	適量

調味料

A 醬油	1/2大匙
米酒	1/2大匙
薑汁	1小匙
胡椒粉	少許
鹽	少許
B 醬油	1大匙
砂糖	1大匙
米酒	1大匙

作法

1. 長糯米洗淨後泡溫水3小時、瀝乾，水與米量以1：1比例放入電鍋中炊煮，煮好後續燜5～10分鐘打開，備用。
2. 肩里肌肉切小丁，與調味料A拌勻醃漬，備用。
3. 蝦米用溫水浸泡30分鐘～1小時再切細丁；乾香菇用冷水泡軟再切成小丁，備用。
4. 鍋燒熱後倒入沙拉油，放入作法2的里肌肉丁炒至顏色改變後，再加入作法3的蝦米丁、香菇丁一起拌炒，然後轉小火，加進調味料B煮至入味收汁熄火。
5. 將作法4的材料與作法1的糯米飯攪拌均勻，再取適量捏緊成飯糰，可依喜好分別包成數顆或再裹上海苔即可（飯糰造型可依個人喜好作變化）。

117. 五穀米飯糰

食譜示範：張瑞文

材料

白米1杯、五穀米1杯、鴨兒芹少許、海苔適量

作法

1. 將白米洗淨瀝乾水份靜置30分鐘以上，備用。
2. 五穀米洗淨後泡水3小時，然後瀝乾水份。
3. 混合白米與五穀米，以水量與米量1：1的比例放入電鍋中炊煮，煮好之後繼續燜5～10分鐘再打開，待冷卻後備用。
4. 鴨兒芹汆燙後，將梗切細丁，與作法3煮好的五穀飯混合均勻，再取適量捏緊成飯糰，可依喜好分別包成數顆或再裹上海苔即可（飯糰造型可依個人喜好作變化）。

118. 榨菜櫻花蝦飯糰

材料

榨菜60公克、櫻花蝦20公克、蒜末2粒、米酒1小匙、白飯適量、海苔適量

作法

1. 榨菜洗淨切細丁，汆燙一下後撈起；櫻花蝦洗淨，備用。
2. 熱鍋，加入適量油，炒香蒜末，放入作法1的榨菜丁、櫻花蝦拌炒均勻，淋入米酒增香盛起，備用。
3. 將白飯與作法2的材料一起拌勻，再取適量捏緊成飯糰，可依喜好分別包成數顆或再裹上海苔即可（飯糰造型可依個人喜好作變化）。

食譜示範：張瑞文

煮出Q彈壽司醋飯

注意醋的比例

壽司米醋是做壽司的專用醋,在日系食品店應該都可以買得到,如果沒有的話也可以試試看用氣味比較溫和的糯米醋或蘋果醋來代替。醋的比例可隨個人的喜好來調整酸甜度,比例大約是:一杯米對上二大匙壽司醋。

1 取適量米放置盆內,用水沖洗。水倒入時,用手快速輕輕攪拌米粒,沖洗過後的洗米水立刻倒掉,如此重複2次。

2 倒入少許水,用左手順著一定方向慢慢轉盆子,右手則輕輕均勻抓搓米粒,重覆搓洗至水清。

3 將米放到篩網上瀝乾水份,靜置30分鐘～1小時。

4 將米放入電鍋中,水量與米量的比例為1:1,即可開始炊煮。

5 煮好的飯翻鬆後,讓飯再燜個10～15分鐘,使米粒的口感更能發揮出來。

6 趁熱盛到大盆中(因為熱的飯在拌醋時才能入味吸收)。

7 調製壽司醋(米醋150cc、砂糖90公克、鹽30公克混合),按照1杯米配30cc壽司醋的比例倒入飯中。

8 將飯杓採平行角度切入飯中翻拌,讓飯充分吸收醋味。

9 待醋味充分浸入後,將米飯用扇子搧涼,至人體溫度即可。

包出美觀緊實壽司卷

★ 捲法操作重點 ★

1. 要待醋飯降至人體體溫才可動手做。
2. 飯的份量要適中,不能過多或過少,過多會變太大捲包不起來,過少會變扁平,影響成型。標準是依食材的份量決定海苔的大小;而食材占的位置與海苔後端留的空間相等。

3. 用竹簾捲壽司雙手須用適當手力去捲,否則會鬆散哦!
4. 正捲需在海苔片前端預留2公分不舖醋飯,反捲則要在海苔上舖滿醋飯不用留空間,一般花捲都是用反捲方式做的。如果要包成細卷狀,正捲僅需留1公分,反捲仍然不用留。

★ 正 捲 要 訣 ★

1. 先在竹簾上放上海苔片。舖上米飯壓平壓緊實,否則食材容易滑出。

2. 以手修整邊緣使其整齊。

3. 海苔片前端預留2公分。

4. 放上食材,雙手指端壓住食材固定,以雙手大拇指抬起捲簾。

5. 快速蓋過食材,一手邊拉竹簾,一手往內邊滾邊壓。

6. 再用雙手壓緊實。

7. 單手壓緊竹簾,繼續邊捲邊壓,修飾緊實度。

8. 完成後以乾淨扭乾的濕布壓平左右即可。

★ 反 捲 要 訣 ★

1. 步驟同正捲的作法1～3。然後醋飯舖滿海苔,再舖滿魚卵,蓋上保鮮膜後翻轉。

2. 海苔面已朝上,再舖上食材,由下面拉起保鮮膜,雙手指端壓住食材固定、捲起即可。

3. 蓋過食材,一手拉住保鮮膜,一手將壽司捲起。

4. 繼續邊壓邊捲至完成。

壽司五大基本配料

●厚蛋燒

材料

日式高湯100cc、酒20cc、鹽少許、細砂糖50公克、蛋5個、沙拉油少許

作法

1. 蛋打散，加入日式高湯、酒、鹽、砂糖攪拌勻備用(不可有泡沫)。
2. 平底鍋加熱，用筷子沾少許蛋汁滴入鍋中會產生"滋滋"聲，即可煎厚蛋。
3. 鍋面塗上薄薄的沙拉油，舀取適量蛋汁倒入，佈滿鍋面，以中火慢煎，有氣泡膨脹的部份用筷子戳破，等到蛋汁半熟時，將蛋皮對折移至前方鍋邊。

4. 空出來的鍋面重新塗一層沙拉油，舀入適量蛋汁並稍微掀起鍋邊的蛋皮，讓蛋汁流入下方，確實佈滿整個鍋面，然後煎至半熟時，再次對折移至鍋邊，如此重複直到蛋汁煎完為止。
5. 煎好的厚蛋可利用鍋劑與鍋緣稍微整形，然後移至盤中，待涼後再視需要切取即可。

備註：日式高湯作法：水1000cc加昆布一段（15公分長）煮沸取出昆布，再放入柴魚素7公克熄火即可。

●壽司薑

材料

嫩薑 100公克
水 100cc
醋 100cc
砂糖 45公克
鹽 5公克

作法

1. 將醋、鹽、砂糖加入水中煮熱至砂糖融化，即是甘醋汁，放涼備用。
2. 將嫩薑洗淨、切片，放入冷水中浸泡約3小時以去除苦澀味，然後用紗布擰乾，放入甘醋汁中浸泡1小時以上即可。

●香菇煮

材料

乾香菇 10朵
日式高湯 200cc
味醂 30cc
砂糖 25公克
醬油 30cc
鋁箔紙 1張

作法

1. 將香菇洗淨泡軟，去菇柄，放入日式高湯中煮沸。
2. 轉小火，加入味醂、砂糖、醬油，將鋁箔紙撕小洞後蓋上，燜煮至略為收汁即可。（使用鋁箔紙蓋可使煮汁蒸發緩慢、防止食物翻滾、幫助對流，使材料均勻入味。）

●紅蘿蔔煮

材料

紅蘿蔔1條、日式高湯300cc、味醂20cc、醬油10cc、砂糖20公克、鋁箔紙1張

作法

1. 將日式高湯、味醂、醬油、砂糖混合煮勻，備用。
2. 將紅蘿蔔洗淨去皮，切成長條，放入作法1的高湯中，蓋上撕有小洞的鋁箔紙，用小火煮至紅蘿蔔稍微變軟（約5分熟）後熄火，撈出即可。

●入味干瓢

材料

乾葫蘆條50公克、日式高湯500cc、酒30cc、味醂35cc、醬油35cc、砂糖30公克、鋁箔紙1張

作法

1. 乾葫蘆條洗淨泡軟，瀝乾。
2. 將瀝乾的葫蘆條放入日式高湯中煮沸。
3. 轉小火，加入酒、味醂、醬油、砂糖，蓋上撕有小洞的鋁箔紙，燜煮至干瓢入味即可。

119.太卷

材料

香菇煮3朵（作法請見P.88）、小黃瓜1條、紅蘿蔔煮2條（作法請見P.88）、干瓢煮2條、厚蛋燒（寬1.5公分）1條、市售浦燒鰻1/4條、海苔片1片、壽司飯適量（作法請見P.86）

作法

1. 香菇煮切絲，小黃瓜橫切成4等份去籽，鰻魚切成寬1.5公分備用。
2. 於海苔片上鋪上壽司飯（海苔片前端預留1.5公分），並依序放入香菇絲、小黃瓜、紅蘿蔔煮、干瓢煮、厚蛋燒和鰻魚後捲起即可。

食譜示範：張瑞文

120.稻荷壽司

材料

市售醃漬黃蘿蔔適量、香菇煮適量（作法請見P.88）、小黃瓜適量、紅蘿蔔煮適量（作法請見P.88）、白芝麻（炒過）少許、壽司飯適量（作法請見P.86）、市售入味豆皮4片

作法

1. 將厚蛋燒、香菇煮、小黃瓜和紅蘿蔔切成小丁狀。
2. 取適量的壽司飯與作法1中的材料、白芝麻混合攪拌備用。
3. 將作法2中的材料放入豆皮中即可。

食譜示範：張瑞文

121.海苔壽司

材料

A 海苔片1片、壽司飯適量（作法請見P.86）
B 紅蘿蔔煮1條（作法請見P.88）、市售蒲燒鰻魚1/2條、入味干瓢適量（作法請見P.88）、厚蛋燒1/8條（作法請見P.88）、小黃瓜1/2條

作法

1. 小黃瓜用鹽搓揉後洗除鹽漬，切適量長條狀備用。
2. 取壽司竹簾，鋪上海苔片，再鋪上適量壽司飯（前端預留2公分），再依序擺上材料B的食材，捲起呈圓柱狀壽司卷，食用時切段即可。

食譜示範：張瑞文

122. 海苔精進壽司

材料
A 海苔片1片、壽司飯適量（作法請見P.86）
B 紅色豆簽絲2大匙、小黃瓜1/4條、素肉鬆2大匙、玉米粒（罐頭）2大匙

作法
1. 小黃瓜先用適量鹽搓揉再沖水去鹽分，直剖開、去籽、切長條狀，備用。
2. 取壽司竹簾，鋪上海苔片，再鋪上適量壽司飯（前端預留2公分），依序擺上材料B的食材，捲起呈圓柱狀壽司卷，食用時切段即可。

食譜示範：張瑞文

123. 蛋皮壽司

材料
A 蛋皮2片、海苔片1片、壽司飯適量（作法請見P.86）、美乃滋適量
B 肉鬆30公克、市售入味豆皮4片、市售醃漬黃蘿蔔20公克、蟹肉條2小條、四季豆8條

作法
取壽司竹簾放上蛋皮，平均擠入少許美乃滋，再鋪上海苔片，鋪上適量壽司飯，擠入美奶滋，再依序擺上材料B的食材，捲起呈圓柱狀壽司卷，食用時切段即可。

食譜示範：張瑞文

124. 錦繡花壽司

材料
A 市售紅色魚卵適量、青海苔粉適量、海苔片1片、壽司飯適量（作法請見P.86）
B 鮮蝦3尾、市售蒲燒鰻魚1/4條、入味干瓢適量（作法請見P.88）、蘆筍2支、厚蛋燒1/8條（作法請見P.88）、切絲香菇煮2朵（作法請見P.88）

作法
1. 取壽司竹簾，鋪上海苔片，再鋪滿適量壽司飯，將紅色魚卵、青海苔粉平均撒在飯上，再覆蓋一層保鮮膜。
2. 將作法1翻面，使保鮮膜朝下、海苔片朝上（壽司竹簾在最底部），再依序擺上材料B的食材，捲起呈圓柱狀壽司卷，食用時切段、並撕除保鮮膜即可。

食譜示範：張瑞文

125. 親子蝦壽司

材料

A 海苔片1片、壽司飯適量（作法請見 P.86）、蝦卵適量

B 鮮蝦3支、蘆筍1支、蝦卵適量、美乃滋適量

作法

1. 鮮蝦去腸泥，用竹籤串直，汆燙一下熄火放置約10分鐘後，撈起泡冷水、剝殼，取出竹籤；蘆筍加入少許鹽，汆燙至軟、取出泡冷水，備用。

2. 取壽司竹簾，鋪上海苔片，再鋪上適量壽司飯，將蝦卵平均撒在飯上，再覆蓋一層保鮮膜。

3. 將作法2翻面，使保鮮膜朝下、海苔片朝上（壽司竹簾在最底部），再依序擺上作法1的鮮蝦、蘆筍、材料B的蝦卵、美乃滋，捲起呈圓柱狀壽司卷，食用時切段、並撕除保鮮膜即可。

材料

A 海苔片2片、壽司飯適量（作法請見 P.86）、白芝麻適量

B 小豆苗適量、苜蓿芽適量、五花薄肉片150公克

調味料

醬油1大匙、酒1大匙、糖1/2大匙、甜麵醬1/2大匙

作法

1. 調味料混合；五花薄肉片適量切段備用。

2. 鍋熱，加入適量油將薄肉片炒至變白，再倒入作法1的調味料充分拌炒入味。

3. 取壽司竹簾，鋪上海苔片，再鋪上適量壽司飯，將白芝麻平均撒在飯上，再覆蓋一層保鮮膜。

4. 將作法3翻面，使保鮮膜朝下、海苔片朝上（壽司竹簾在最底部），再依序擺上苜蓿芽、小豆苗、作法2的燒肉片，捲起呈圓柱狀壽司卷，食用時切段、並撕除保鮮膜即可。

126. 燒肉鮮蔬壽司

食譜示範：張瑞文

---

127. 蒜香肉片壽司

食譜示範：張瑞文

材料

A 海苔片4片、壽司飯適量（作法請見 P.86）

B 五花薄肉片300公克、薑末1小匙、蒜末1小匙、苜蓿芽適量、小黃瓜適量、炒過白芝麻適量

調味料

醬油3大匙、白醋1大匙、黑醋1大匙、糖1小匙、香麻油1小匙

作法

1. 調味料混合；五花薄肉片適量切段；小黃瓜用鹽搓揉後，洗除鹽分、切絲，備用。

2. 薄肉片炒至變色，加入薑末、蒜末炒香，倒入作法1的調味料拌炒至入味略收汁。

3. 取壽司竹簾，鋪上海苔片，再鋪上適量壽司飯，撒上白芝麻（前端預留2公分），擺上苜蓿芽、作法1的小黃瓜絲、作法2的蒜味肉片，捲起呈圓柱狀壽司卷即可。

128. 台風壽司卷

材料
全蛋1個、小黃瓜1/2條、酥油條碎30公克、海苔片1片、壽司飯適量（作法請見P.86）、美乃滋適量、肉鬆20公克、豆簽絲（紅）15公克

作法
1. 將蛋液打勻並煎成蛋皮後，切絲備用。
2. 小黃瓜用鹽搓揉一下後洗淨，再縱向切成一半，去除籽後，再切成細條狀備用。
3. 海苔片上舖上壽司飯（前端需預留2公分），再舖滿酥油條碎及作法1、2，再擠入美乃滋並加上肉鬆及豆簽絲後捲起即可。

食譜示範：張瑞文

材料
紅蘿蔔30公克、韭菜40公克、韓式泡菜60公克、美生菜1大片、豬五花薄片50公克、海苔片1片、壽司飯適量（作法請見P.86）、炒過白芝麻粒適量、海苔粉適量、保鮮膜1張

調味料
麻油少許、鹽少許、雞精粉少許、醬油少許

作法
1. 紅蘿蔔切細條，韭菜切段，分別汆燙後，以調味料分別調味；韓式泡菜水份瀝乾；美生菜洗淨瀝乾備用。
2. 平底鍋放入少許油後，放入豬五花薄片炒至肉變色，再加入泡菜略拌炒。
3. 海苔片上舖滿壽司飯，再將白芝麻粒、海苔粉均勻的撒在飯上，覆蓋上一層保鮮膜後，將海苔片翻面朝上，依序加入作法1的紅蘿蔔條及韭菜段即可。

129. 韓風壽司卷

食譜示範：張瑞文

130. 洋風花壽司卷

材料
奶油起司50公克、洋蔥20公克、紫色高麗菜50公克、小黃瓜1/2條、海苔片1片、壽司飯適量（作法請見P.86）、魚卵適量、保鮮膜1張、煙燻鮭魚片70公克、蘿美生菜2片

調味料
美乃滋20公克、七味粉適量

作法
1. 奶油起司切條；洋蔥、紫色高麗菜切絲；小黃瓜用鹽搓揉後洗淨，再縱向切半，去籽再切細條；調味料拌勻後備用。
2. 海苔片上舖滿壽司飯，將魚卵均勻的撒在飯上，覆蓋上一層保鮮膜後，將海苔片翻面朝上，再把煙燻鮭魚片、蘿美生菜、魚卵放入，再加上作法1與拌好的調味料一起後捲起即可。

食譜示範：張瑞文

131.河粉卷

材料

粄條皮1片、海苔片1片、五花肉薄片60公克、羅美生菜葉4片、韓式泡菜60公克、美乃滋適量、白芝麻適量

作法

1. 五花肉薄片撒上少許鹽與黑胡椒粉（材料外），取平底鍋，加入少許油燒熱，放入五花肉薄片煎至變色，取出備用。
2. 取壽司竹簾，依序鋪上攤開的粄條皮、海苔片、羅美生菜葉，再放上韓式泡菜、美乃滋、作法2的五花肉薄片，撒上白芝麻再捲起粄條皮呈長條狀，切成適當大小盛盤即可。

食譜示範：張瑞文

132.四季水果壽司

材料

A 海苔片1片、壽司飯適量（作法請見P.86）、南瓜子（炒熟）適量
B 奇異果適量、芒果適量、蓮霧適量、市售乳酪抹醬（原味）適量

作法

1. 奇異果、芒果去皮、蓮霧洗淨，再切薄片，撒上適量細砂糖，放置15分鐘後瀝乾備用。
2. 取壽司竹簾，鋪上海苔片，再鋪上適量壽司飯，將南瓜子平均撒在飯上，再覆蓋一層保鮮膜。
3. 將作法2翻面，使保鮮膜朝下、海苔片朝上（壽司竹簾在最底部），平均塗抹乳酪抹醬，再平鋪上作法1的水果（不重疊），捲起呈圓柱狀壽司卷，食用時切段、並撕除保鮮膜即可。

食譜示範：張瑞文

133.繽紛養生壽司

材料

A 蘋果（小）1顆、蜜餞蕃茄80公克、地瓜120公克、甜豆（燙熟）60公克
B 白米1杯、水1杯、南瓜子（炒過）適量、白芝麻（炒過）適量、海苔片4片

作法

1. 所有材料A切粗丁，備用。
2. 白米洗淨加入水與作法1的材料，以一般煮飯方式煮至電鍋開關跳起，將飯翻鬆再蓋上蓋子續燜約10～15分鐘，待冷卻至約40℃，再拌入南瓜子與白芝麻。
3. 取壽司竹簾，鋪上海苔片，再鋪滿作法2的飯，覆蓋一層保鮮膜，將海苔片翻面朝上（壽司竹簾在最底部），捲起呈圓柱狀壽司卷，食用時切段並撕除保鮮膜即可。

食譜示範：張瑞文

細說美味握壽司

握壽司的美味關鍵 從「飯」開始

握壽司的美味秘訣有 3 項重要的關鍵：醋飯、食材的新鮮度與山葵。握壽司是一種現作的手工文化，所以米的選擇及之後的醋飯製作是重要的一環。店家推薦選用的是日本「越光米」，而且從洗濯、炊煮到攪拌的過程可是不能隨便的喔！做壽司醋飯時，必須前一晚將米洗淨，然後浸泡20分鐘在放入冰箱冷藏，至隔天煮米時用。而米與水的比例是 1：1.1然後放入電鍋中烹煮，最後煮熟後還必須在店鍋中燜15分鐘後才可以將飯倒入壽司桶中開始製做醋飯。醋要趁著飯熱的時候拌入才能

入味，而且在攪拌的過程，不但要均勻還不能把米粒給攪的破碎，所以在攪拌時要注意飯杓不可以筆直的攪拌，最好是平行切入，將飯上下平行的翻攪，使醋味充分浸入，這樣不但會增加飯粒的光澤更使醋的特殊香氣散發出來。待上層的飯粒變乾之後還要再翻攪一次，使底部醋味能平均分部在所有的飯粒之中。最後要將飯桶蓋上一層紗布，保持期溫溼度，等到醋飯稍微冷卻之後就可以用來製作壽司了。

製作握壽司時，捏醋飯的力道要拿捏得準這樣才不會讓醋飯散開，（這可不是一天兩天學得會的喔！）再來即是將磨好的芥末沾一點在食材上然後放在醋飯上，最後的工作就是整形了，師傅以特殊的手法將醋飯壓緊調整好即可上桌。

行家的品味方式

店家建議吃握壽司的時候請先從口味清淡的白身的魚開始吃，然後進入到顏色較紅的魚，再來蝦、貝類，接著是油脂較豐富的魚類，最後才是味道比較腥的壽司，然後是熱的握壽司及捲的壽司。

懂得吃的行家在吃握壽司時，會將壽司反過來食用，就是將食材貼於舌頭上面，這樣才能嚐到魚肉鮮美的滋味。還有當你想換吃不同口味的壽司時，請先吃一兩片醋生薑，這種吃法會讓我們在品嘗下一個壽司時味覺不會受到上一個的干擾。

其實，食用握壽司時會搭配沾醬油，這是台灣人的吃法；在日本，為了品嚐到魚肉鮮美的滋味，吃握壽司時盡可能不沾醬油來食用；有時店家也會在壽司上塗抹少許醬汁供客人直接食用。即使是吃生魚片也會將醬油與芥末(山葵泥)分開來沾抹，而不是調和在一起沾。因為醬油與芥末只是用來提味的配角，當沾抹過多時，會因為太鹹或是太嗆而讓您無法品嚐到食材真正的鮮美滋味喔！

（摘錄自快樂廚房雜誌26期）

鮪魚

　　一般鮪魚(OTORO)必須在零下60℃中保存才能保有它的新鮮度，所以一般我們所看到的「OTORO」都是冷凍的。而正確的退冰方法是前一天就要把冷凍的魚放在冷藏中讓它自然的解凍，所以時間必須很長大約一天一夜。如果為了趕時間把魚放在冰水中退冰，而泡過水的魚肉會變得軟軟爛爛的，不僅沒了魚肉的新鮮度更會影響魚肉的彈性及口感。

活赤貝

　　將新鮮的活赤貝剖開，然後將內臟及旁邊多餘的部分清除掉，再用鹽巴清洗，最後也是放入檸檬冰水中稍微冰鎮，吃起來的口感是脆脆、QQ的帶一點貝類本身的甜味。

海膽

　　在日本，海膽也是一種超高級的食材，而且它含有大量的DHA及鈣質。聽說常吃海膽有滋陰補陽意想不到的效果。台灣的海膽大多由日本北海道低溫冷藏進口的所以在價格上也不便宜喔！還有海膽的保存方法絕對不能冷凍，不然退冰之後就會吃到一團團爛爛的海膽了。

水魚真魚

　　先將魚頭去除再處理內臟的部分，然後將魚分上下一分為二，最後就是將魚刺拔除乾淨，一尾魚大約有50～60根刺，所以處理一尾魚必須花約1個小時的時間。還有在處理魚肉時除了清理內臟需要用水清洗之外，其餘的過程都不可以接觸到水，這樣才可以避免影響到魚肉的口感。

北海道牡丹蝦

　　因為是由北海道以低溫空運來台，所以解凍的方式也和鮪魚一樣必須讓它自然解凍。當解凍完成之後就必須將蝦殼剝除去腸泥，然後用鹽巴清洗一遍以去除腥味，再放入加了檸檬汁的冰水中冰鎮約5分鐘即可。檸檬冰水的功用是去腥味及增加蝦子的口味。

花枝

　　先將花枝洗淨然後處理內臟。最後在花枝的表面以利刀劃出細細的線條。店家表示這樣除了增加口感之外在做握壽司時也能使形狀更為美觀。

玉子燒

　　在日本「玉子」就是指雞蛋。而製作玉子燒需利用特殊的煎盤，它呈長方形和一般的圓鍋不相同，這樣才能煎出長方形的「玉子燒」。店家表示煎蛋時必須一層一層慢慢的煎這樣每一層的蛋才會緊實口感也會好。而每一個「玉子燒」大約都要有十來層才算是標準的。

不可少的重要角色「山葵」

　　山葵（Wassbi；哇沙米）的外觀呈綠色不規則長柱狀，表面凹禿不平、糙而口感辛辣。山葵原產於日本，而且必須在水源潔淨的環境中才能生長。日本最好的山葵產地是九州津江地區。在台灣則是阿里山所生產的是品質最好的山葵。山葵的使用方式則是客人人數有幾位就磨幾位的用量，因為事先磨好的哇沙米口味上絕對比不上新鮮現磨的風味來的好。

食譜示範：張瑞文

134. 泡菜燒肉飯卷

材料

A 韓式泡菜100公克、
 薄五花肉片100公
 克、蒜末10公克、
 蔥花適量、炒過白
 芝麻適量
B 綜合生菜適量、白
 飯適量、海苔4片

調味料

醬油1又1/2大匙、味
醂1大匙

作法

1. 將綜合生菜泡冰水，使其清脆爽口
 後、瀝乾，備用。
2. 調味料混合；韓式泡菜、薄五花肉片
 適當切段，備用。
3. 熱鍋，加入沙拉油炒香蒜末，放入作
 法2的薄肉片炒至肉變白，再加入泡菜
 段均勻拌炒，倒入混勻的調味料充分
 拌炒入味，起鍋前撒上蔥花、白芝麻
 略拌勻，此即為泡菜燒肉。
4. 取一大張海苔片，依序平均舖上白
 飯、綜合生菜、作法3的泡菜燒肉餡，
 再舖上少許綜合生菜，捲起整成長圓
 柱狀，並包緊底端即可。

食譜示範：張瑞文

食譜示範：張瑞文

135. 韓式辣味飯卷

材料
A 五花肉片200公克、黃豆芽150公克、蒜片10公克、粗辣椒粉3公克
B 白飯適量、海苔4片

調味料
醬油2大匙、糖1大匙、韓式辣椒醬1/2小匙

作法
1. 黃豆芽放入滾水中煮熟、撈起瀝乾；薄五花肉片適當切段，備用。
2. 熱鍋，倒入適量食用油，轉小火，放入蒜片炒香，再加入粗辣椒粉，炒出風味後，放入肉片段炒至變白，再倒入混合均勻的調味料，充分拌炒入味，此即為辣味燒肉。
3. 取一大張海苔片，依序平均舖上白飯、黃豆芽、作法2的辣味燒肉，再舖上少許黃豆芽，捲起整成長圓柱狀，並包緊底端即可。

136. 泰式雞柳飯卷

材料
A 雞柳4條（各約40公克）
B 綜合生菜適量、白飯適量、海苔4片

調味料
A 魚露1大匙、壽司醋1大匙、檸檬汁1大匙、薑末1/2大匙、蒜末1/2大匙、鹽少許、胡椒粉少許
B 泰式甜雞醬適量

作法
1. 將綜合生菜泡冰水，使其清脆爽口後、撈起瀝乾，備用。
2. 雞柳洗淨、擦乾水分，與調味料A混合拌勻，醃漬約30分鐘，備用。
3. 將作法2的雞柳瀝乾，裹上地瓜粉（材料外）放入170℃油鍋中炸熟，呈金黃酥脆狀、撈起，沾裹泰式甜雞醬，備用。
4. 取一大張海苔片，依序平均舖上白飯、綜合生菜、作法3的泰式雞柳，再舖上少許綜合蔬菜，捲起整成長圓柱狀，並包緊底端即可。

137. 鮮蔬沙拉飯卷

材料
A 洋蔥絲適量、高麗菜絲適量、苜蓿芽適量、小豆苗適量
B 玉米粒（罐頭）適量、美乃滋適量、白飯適量、海苔1片

作法
1. 所有材料A洗淨泡冰水，使其清脆爽口後、瀝乾，備用。
2. 取一大張海苔片，依序放上白飯、作法1的生菜、玉米粒，並擠上美乃滋，捲起整成長圓柱狀，並包緊底端即可。

食譜示範：張瑞文

138. 肉鬆玉米飯卷

材料
A 肉鬆適量、玉米粒（罐頭）20公克、小黃瓜1/2條、美乃滋適量、白芝麻（炒過）適量
B 白飯適量、海苔1片

作法
1. 小黃瓜用鹽搓揉後洗除鹽漬，切適當薄片條狀，備用。
2. 取一大張海苔片，平均鋪上白飯，依序放入適量美乃滋、甜玉米粒、肉鬆、作法1的小黃瓜條，再撒上白芝麻，捲起整成長圓柱狀，並包緊底端即可。

食譜示範：張瑞文

139. 海陸總匯飯卷

材料
A 市售蒲燒鰻魚1/4條、蟹肉條1條、蘆筍1～2根、肉鬆30公克、美乃滋適量、綜合蔬菜適量
B 白飯適量、海苔1片

作法
1. 綜合生菜泡冰水，使其清脆爽口後、瀝乾，備用。
2. 蘆筍汆燙至六分熟，泡入冷水中，冷卻後瀝乾，備用。
3. 取一大張海苔片，平均鋪上白飯、綜合蔬菜，依序擠入適量美乃滋、蒲燒鰻魚、蟹肉條、蘆筍、肉鬆，捲起整成長圓柱狀，並包緊底端即可。

食譜示範：張瑞文

140. 照燒雞排三明治

材料

去骨雞腿排1塊、照燒醬適量、沙拉油適量、去邊土司1片、奶油適量、美生菜1片、牛蕃茄片2片、洋蔥絲20公克、黑胡椒適量

作法

1. 去骨雞腿排洗淨擦乾以刀尖將肉筋截斷。
2. 取一平底鍋，倒入適量的沙拉油燒熱，放入作法1的去骨雞腿排，將雙面煎至約七分熟表面呈金黃色，再加入照燒醬以小火煮至接近收汁，呈濃稠即關火，備用。
3. 先將去邊土司烤至表面微焦黃，抹上奶油，再放上美生菜，依序加入牛蕃茄片、作法2的照燒雞腿排、洋蔥絲、撒上黑胡椒，再對折即可。

美味加分點　　[照燒醬]

材料：味酥80cc、米酒100cc、麥芽飴20公克、醬油100cc
作法：將所有材料拌勻，用小火煮開即可。

食譜示範：李德強

141. 照燒豬肉潛艇堡

食譜示範：吳庭宇

材料

豬肉薄片100公克、蔥段5公克、洋蔥絲10公克、蕃茄片2片、小黃瓜絲少許、潛艇堡麵包1個

調味料

照燒醬1大匙、糖1/2匙、水1大匙

作法

1. 鍋燒熱，倒入沙拉油，放入洋蔥絲炒香，加入蔥段和所有調味料，再放入豬肉薄片拌勻至熟即為照燒豬肉片。
2. 將潛艇堡麵包從中間切開，放進烤箱內略烤至熱，放上蕃茄片、作法1的照燒豬肉片、小黃瓜絲即可。

美味加分點　　[照燒醬]

材料：味酥1大匙、柴魚片1大匙、醬油1/2大匙、麥芽糖1大匙
作法：
1. 將所有材料混合均勻。
2. 將作法1的醬汁煮開後，用濾網過濾即可。

142. 燒肉蘋果三明治

材料
白土司2片、日式燒肉片1份、去皮蘋果片4片、苜蓿芽10公克

調味料
美乃滋1大匙

作法
1. 苜蓿芽洗淨瀝乾水份備用。
2. 去皮蘋果片以適量鹽水浸洗一下，瀝乾備用。
3. 白土司分別抹上一面美乃滋，備用。
4. 取一片作法3白土司為底，依序放入苜蓿芽、去皮蘋果片和日式燒肉片，蓋上另一片白土司，稍微壓緊切除四邊土司邊，再對切成兩份即可。

美味加分點　　　　[日式燒肉]
材料：豬梅花肉片120公克、洋蔥絲20公克、白芝麻1/4小匙
醃料：日式醬油1/2小匙、味醂1小匙、胡椒粉1/4小匙
作法：
1. 豬梅花肉片洗淨，瀝乾放入小碗中，加入所有調味料拌勻醃約15分鐘備用。
2. 作法1的材料以中火煎炒至肉片約7分熟，續加入洋蔥絲拌炒至散發出香味，撒上白芝麻即可。

食譜示範：吳庭宇

143. 南蠻雞堡

食譜示範：張瑞文

材料
漢堡包1個、去骨雞腿肉1支、青蔥絲1支、洋蔥絲（小）1/2顆、紅甜椒絲1/4顆、黃甜椒絲1/4顆、美生菜葉1片、低筋麵粉適量

醬汁
A 水200cc、白醋100cc、味醂50cc、細砂糖30公克、醬油3cc
B 柴魚素3cc

作法
1. 去骨雞腿肉洗淨瀝乾，撒上少許鹽、白胡椒粉（材料外），裹上薄薄的低筋麵粉，放入170℃的油鍋中炸熟後撈起瀝油備用。
2. 醬汁A混合煮勻後，加入柴魚素即可熄火。
3. 青蔥絲、洋蔥絲、紅甜椒絲、黃甜椒絲放入烤箱中，烤除水份後備用。
4. 將作法1的去骨雞腿肉和作法3的青蔥絲、洋蔥絲、紅甜椒絲、黃甜椒絲泡入作法2中約60分鐘。
5. 取漢堡包放入烤箱中略烤，抹上適量奶油，放入美生菜葉和瀝乾的作法3材料即可。

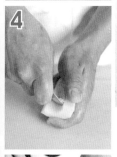

食譜示範：吳庭宇

144. 泰式雞肉三明治

材料

法國麵包1段、雞胸肉100公克、香菜1/4小匙、豆芽菜10公克、青木瓜少許、蘿蔓生菜2片、小蕃茄片2顆

調味料

泰式酸辣醬適量

美|味|加|分|點　[泰式酸辣醬]

材料：
A 魚露1/2小匙、蒜頭末1/4小匙、細砂糖1/2小匙、檸檬汁1/2小匙、辣椒末1/4小匙、水100公克
B 太白粉1小匙、水30公克
作法：
1. 將材料B放入小碗中調勻備用。
2. 將所有材料A放入小碗中攪拌均勻，倒入鍋中小火煮滾後，熄火淋入調勻的作法1勾芡呈濃稠狀即可。

作法

1. 蘿蔓生菜剝下葉片洗淨，泡入冷開水中至變脆，撈出瀝乾水份備用。
2. 青木瓜洗淨去皮，挖除籽和內膜後切絲；豆芽菜洗淨，去除頭尾；香菜洗淨切小段備用。
3. 雞胸肉洗淨切絲，放入小碗中加入泰式酸辣醬拌勻並醃約5分鐘備用。
4. 熱鍋倒入少量油燒熱，加入作法3材料以中火炒至雞肉絲變白，再加入青木瓜絲、小蕃茄片和豆芽菜拌炒至軟化入味，盛出備用。
5. 法國麵包中央切開，依序夾入蘿蔓生菜和作法4材料，最後撒上香菜段即可。

145. 泰式雞柳雜糧潛艇堡

材料
洋蔥絲2公克、小黃瓜絲2公克、生菜絲少許、雞胸肉絲50公克、雜糧麵包1條、奶油1/4茶匙

調味料
糖1/4茶匙、魚露1/4茶匙、泰式甜雞醬1大匙

作法
1. 鍋燒熱，倒入沙拉油，炒香洋蔥絲後，加入所有調味料，再加入雞胸肉絲拌勻至熟。
2. 將雜糧麵包從中間切開，塗上奶油，放進烤箱內略烤至熱。
3. 將生菜絲、作法1的雞胸肉絲、小黃瓜絲，放至作法2的雜糧麵包中間即可。

食譜示範：吳庭宇

146. 咖哩炒麵麵包

材料
船型麵包1個、泡麵1包、蝦仁40公克、洋蔥絲10公克、紅蘿蔔丁10公克、蘿蔓生菜2片

調味料
咖哩粉少許、美乃滋1小匙

作法
1. 泡麵打開，放入滾水中燙軟，撈出瀝乾水分備用。
2. 蝦仁去除腸泥，洗淨備用。
3. 蘿蔓生菜剝下葉片洗淨，泡入冷開水中至變脆，撈出瀝乾水份備用。
4. 熱鍋倒入少許油燒熱，放入蝦仁、洋蔥絲、紅蘿蔔丁以中火略炒，再加入咖哩粉炒至顏色均勻，最後加入作法1及美乃滋炒勻，盛出備用。
5. 船型麵包從中央切開，放入烤箱中，以150℃略烤至呈金黃色，取出依序夾入蘿蔓生菜葉和作法3材料，稍微壓緊即可。

食譜示範：吳庭宇

147. 韓式泡菜堡

材料
牛肉片50公克、洋蔥絲5公克、蔥段2公克、漢堡麵包1個、韓式泡菜20公克、生菜葉1片

調味料
醬油5cc、糖1/2茶匙

作法
1. 鍋燒熱，放入沙拉油，放入洋蔥絲炒香後，加入蔥段和牛肉片略炒，再加入所有調味料和韓式泡菜拌炒均勻。
2. 將漢堡麵包放進烤箱略烤至熱，取出後橫剖開，於中間依序放上生菜葉、作法1的韓式泡菜牛肉即可。

食譜示範：吳碧妤

148.薑汁燒肉米漢堡

材料
薄片肉100公克、洋蔥1/2顆、美生菜4片、薑泥適量、米堡4片、黑芝麻少許

調味料
七味粉適量

醬汁
醬油20公克、酒12cc、味醂5cc、細砂糖10公克

作法
1. 薄片肉洗淨並瀝乾水份；美生菜洗淨；洋蔥洗淨後切絲；將醬汁的所有材料拌勻，備用。
2. 起一鍋，待鍋燒熱後放入作法1的薄片肉炒熟，即取出備用。
3. 於作法2鍋中放入作法1的洋蔥絲拌炒一下後，再放入作法2的肉片及作法1醬汁拌炒入味。
4. 於作法3中放入薑泥拌炒一下即完成餡料。
5. 取一片米堡，舖上美生菜後，再放入適量作法4的餡料，再放一片美生菜，最後撒上七味粉與黑芝麻並蓋上一片米堡即可。

食譜示範：張瑞文

美**味**加**分**點　　　　　　　[米堡的製作DIY]

作法：
1. 將熱好的飯壓碎，使飯粒產生稍微的黏稠度後，備用。
2. 準備好一個圓型的模型，並在模型的周圍抹油後，再於作法1中壓好的米飯取出約120公克，放入模型中將米飯壓至緊實，即可取出成圓形。
3. 起一鍋，待鍋燒熱後，於鍋中抹上一層薄薄的油，將作法2做好的米堡，放入鍋中，以小火慢煎至上色並使米堡固定即可。

早餐・Tips
1. 在煎米堡時，要不斷挪動米堡，使米堡能上色均勻，色澤的呈現也會比較好。
2. 若是想要讓米堡更快上色並看起來更為均勻漂亮，可以再準備一碗醬油與味醂調勻好的醬汁，以刷子將醬汁塗抹在米堡上即可，要注意的是，刷子上的醬汁一定要弄乾一點，這樣才不會在刷上米堡時，使原本固定外形的米堡散開。

食譜示範：張瑞文　　食譜示範：張瑞文

149.炸里肌米漢堡

材料

里肌肉2片（每片約重40公克）、美生菜2片、高麗菜絲適量、豬排醬汁適量、米堡4片（作法請見P.103）、低筋麵粉適量、蛋液適量、麵包粉適量

調味料

蠔鹽少許、胡椒少許

作法

1. 將美生菜與高麗菜絲洗淨，瀝乾水份後備用。
2. 里肌肉洗淨並瀝乾水份後，再用刀背將肉拍平，撒上少許的鹽、胡椒粉，備用。
3. 將作法2的里肌肉依序均勻沾裹上低筋麵粉、蛋液、麵包粉後，備用。
4. 起一鍋，加入較多的油後，放入作法3的肉將兩面煎至酥脆狀即可起鍋備用。
5. 取一片米堡，舖上作法1洗好的美生菜，再放上高麗菜絲，並放上作法4的肉排，擠入適量的豬排醬汁最後再蓋上一片米堡即可。

150. 和風蛋餅大阪燒

材料

A 低筋麵粉15公克、太白粉15公克
B 雞蛋4顆、水150cc、美乃滋1大匙、食用油1大匙、柴魚素2公克
C 七味粉少許、蔥花少許
D 鮮奶3大匙、美乃滋1大匙、黃芥末1/3小匙
E 乳酪片適量
F 柴魚片少許、青海苔粉少許

作法

1. 將材料A的粉類過篩備用。
2. 將材料B的所有材料混合拌勻，加入作法1的過篩粉類和材料C混合均勻，靜置30分鐘備用。
3. 取平底鍋燒熱，加入適量食用油佈滿整個鍋面潤鍋，倒入適量作法2的蛋漿均勻搖動鍋面，放上乳酪片，再整型成蛋餅狀，即可起鍋盛盤。
4. 再淋上材料D混合拌勻的醬料，最後撒上柴魚片和青海苔粉即可。

151.和風涼麵

材料
白細麵100公克、五花肉薄片100公克、海帶芽（乾）適量、甜玉米粒適量、小黃瓜片適量、魚卵少許、綠芥末少許

醬汁
A 柴魚醬油露50cc、冷開水120cc
B 山葵醬適量

作法
1. 淋醬醬汁A混合拌勻，加入山葵醬拌勻備用。
2. 五花肉薄片放入滾沸水中，汆燙至變色後撈起備用。
3. 海帶芽泡入水中還原，再撈起瀝乾。
4. 白細麵煮熟後，撈起泡冷水降溫冷卻後撈起盛盤，放入作法2的五花肉薄片、作法3的海帶芽、甜玉米粒、小黃瓜片、魚卵和綠芥末，再淋入作法1的淋醬即可。

食譜示範：張瑞文

152.鮭魚茶泡飯

材料
白飯70公克、鮭魚肉50公克、鮭魚卵適量、綠紫蘇1片、香鬆適量、山葵醬適量、日本茶適量

作法
1. 將鮭魚肉撒上少許鹽後，用烤箱烤熟(或用平底鍋煎熟)，然後再剝成小塊狀備用。
2. 綠紫蘇切絲備用。
3. 將白飯盛入碗中，上面撒上作法1的鮭魚肉、作法2的綠紫蘇絲、香鬆，最上面放置鮭魚卵、山葵醬，再倒入滾燙的日本茶，拌勻後即可。

食譜示範：張瑞文

153.日式生菜沙拉

材料
蘿蔓生菜50公克、玉米1條、牛蕃茄塊100公克、小黃瓜片40公克

醬汁
醬油200cc、味醂60cc、檸檬汁20cc、蘋果醋30cc、芥末子2大匙、細糖2大匙

作法
1. 將所有的醬汁材料放入果汁機中，蓋上杯蓋。
2. 按瞬轉鍵，以一按一放的方式打約5秒鐘即可取出。
3. 玉米整條放入鍋中煮約10分鐘後取出放涼，切小段後將玉米核去掉。
4. 依序將蘿蔓生菜、作法3的玉米、牛蕃茄塊和小黃瓜片放入容器中，淋上3大匙作法2的醬汁即可。

食譜示範：李德全

7套
低卡健康早餐

週一到週日七套健康早餐,吃得美味不怕胖!

瘦身 Q&A

　　隨著生活腳步日益匆忙，人們外食的機會增加，易攝取高熱量、不健康的食物；加上工作壓力大，易產生暴飲暴食的現象；或者久坐辦公室，運動量減少…等種種因素，都使得台灣地區的肥胖人口有逐年增加的趨勢。一般男性多有啤酒肚的困擾，女性則普遍有小腹過大及下半身肥胖的現象。你知道自己自己是否過胖，是否需要減重嗎？請快點往下讀吧！

你真的胖嗎？

　　所謂「肥胖」，一般是指體脂肪組織超過正常比例時的狀態。當體重超過標準體重的20%時，稱之為「肥胖」；超過10%～20%者，則稱之為「過重」。由於體重並不能完全代表體脂肪的多寡，為更精確評估出肥胖的程度，以下教你以BMI（身體重量指數Body Mass Index）來計算標準體重，並且檢測自己的WHR（腰臀圍比值Waist／Hip Ratio）。

BMI＝體重（W）÷身高（H）
W：體重（Kg）　H：身高（M）

WHR＝腰圍÷臀圍
WHR＜0.8（理想的腰臀圍）
WHR＞0.8（腹部脂肪量過高）

BMI值（男／女）	體重判別
24～26.9	正常體重
25～29.9	輕度肥胖
30～40	中度肥胖
40以上	嚴重肥胖

一般人每天需要的基礎熱量表

年齡	男	女
10歲	2200 Kcal	2100 Kcal
13歲	2700 Kcal	2400 Kcal
16-18歲	3100 Kcal	2200 Kcal
18-35歲	2800 Kcal	2000 Kcal
35-55歲	2500 Kcal	1800 Kcal
55-75歲	2100 Kcal	1500 Kcal
懷孕期	—	+400 Kcal
哺乳期	—	+500 Kcal

標準體重計算

【公式一】
男＝（身高－80）×0.7
女＝（身高－70）×0.6
※理想體重應介於標準體重±10%的區域範圍

【公式二】
男＝50＋【2.3 ×（身高－152）】÷2.54
女＝45.5＋【2.3 ×（身高－152）】÷2.54

【公式三：BMI身體質量指數法】
男＝身高（M）×身高（M）×22
女＝身高（M）×身高（M）×20

154. 焗烤鮪魚厚片

材料

洋蔥........ 1/10個（約25公克）
蕃茄......... 1/4個（約25公克）
水煮鮪魚罐頭.................. 1大匙
低脂乳酪................................1片
厚片吐司................................1片
乳酪絲.............................. 1大匙

作法

1. 將洋蔥切成小丁狀；蕃茄洗淨，橫切成片狀備用。
2. 將水煮鮪魚的水份瀝乾，加入洋蔥丁一起拌勻。
3. 依序將低脂乳酪、蕃茄片及拌勻的洋蔥鮪魚放在厚片土司上，再撒上乳酪絲，然後放入已預熱5分鐘的烤箱中，上下火為170℃，烤約30～40分鐘，至乳酪絲呈金黃色即可。

每日套餐
Monday

375 kcal

155. 奇異果優酪乳

材料

奇異果·····················1個
脫脂優酪乳··············200cc

作法

1. 奇異果洗淨去皮，切成塊狀備用。
2. 將奇異果及脫脂優酪乳一起放入果汁機中，拌打約20秒即可。

156. 雞蓉玉米粥

材料

紅蘿蔔............20公克
芹菜................30公克
生薑..................5公克
去皮雞胸肉..45公克
白米................30公克
玉米粒............30公克

調味料

高湯......................1碗
清水 1碗
鹽 ....少許

作法

1. 紅蘿蔔洗淨，切小丁；芹菜去葉、去根後，洗淨切成芹菜珠；生薑洗淨去皮，磨成薑末備用；將去皮的雞胸肉洗淨，切成雞肉末；將白米洗淨後，以冷水浸泡約30分鐘備用。
2. 在湯鍋中加入高湯、清水、白米、紅蘿蔔丁、薑末，先開大火煮滾後，轉為小火續煮約20分鐘後，再加入雞肉末、玉米粒及少許鹽繼續烹煮約10分鐘。
3. 起鍋前，加入芹菜珠煮約1分鐘即可關火。

每日套餐
Tuesday

295 kcal

157. 水果

材料

枇杷......................3個
芭樂.................. 1/3個

作法

清洗乾淨，去皮去籽即可。

158. 鮮蝦餛飩麵

材料

青蔥	5公克
生薑	5公克
青江菜	80公克
紅蘿蔔	20公克
蝦仁	22.5公克
絞肉	17.5公克
餛飩皮	7張
乾麵條	20公克

調味料

白胡椒粉	少許
玉米粉	1/3小匙
鹽	少許
醬油	少許
香油	少許
市售高湯	2碗

每日套餐
Wednesday　**359 kcal**

作法

1. 將青蔥及生薑分別洗淨切末；青江菜洗淨切段；紅蘿蔔洗淨，去皮切絲備用。
2. 將蝦仁及絞肉剁成泥狀後，加入蔥末、薑末、白胡椒粉、玉米粉、鹽、醬油、香油，拌勻醃漬入味，即成餛飩餡料。
3. 將餛飩皮攤開，取適量餡料包入，即成一顆顆餛飩，重覆此步驟至材料用畢。
4. 將乾麵條放入滾沸的水中煮熟，撈起瀝乾水份，盛在碗中備用。
5. 將高湯倒入鍋中煮至滾沸，再依序加入餛飩、青江菜及紅蘿蔔絲煮熟；起鍋前，將已煮好的麵條放入鍋中一同攪拌一下即可。

159. 草莓優格

材料

草莓	8個
低脂優格	1杯

作法

1. 草莓洗淨後，去蒂並切成片狀。
2. 將草莓放入低脂優格中拌勻即可。

160. 紅棗糙米粥

材料
瘦絞肉..........25公克
紅棗................20公克
糙米................40公克
芹菜................30公克

調味料
市售高湯..............1杯
鹽....................少許

作法
1. 絞肉剁成泥狀，與太白粉、醬油混合均勻醃漬約30分鐘至入味後，以滾水汆燙即撈起瀝乾水份備用。
2. 紅棗洗淨後，以手捏破；將糙米洗淨後，以冷水浸泡約1小時；芹菜去葉、去根後，洗淨切珠備用。
3. 取一湯鍋，加入高湯、1碗清水及作法1的絞肉、作法2的紅棗、糙米以中火煮開後，轉小火再放入少許鹽續煮約30分鐘，起鍋前，加入芹菜珠續煮約1分鐘即可。

備註：紅棗洗淨後，要將它捏破，可使其甜味滲出。

每日套餐
Thursday

380 kcal

161. 紅絲炒蛋

材料
紅蘿蔔..........50公克
雞蛋........................1個

調味料
橄欖油..............1小匙
鹽..........................少許

作法
1. 紅蘿蔔洗淨切絲，以滾水汆燙至熟，撈起瀝乾水份；雞蛋打散成蛋液備用。
2. 取一不沾鍋，熱鍋，加入橄欖油燒熱，倒入蛋液炒至熟，再放入作法1的紅蘿蔔絲略炒一下，最後加入少許鹽調味即可。

162. 全麥饅頭夾蛋

材料
美生菜............20公克
雞蛋....................1個
全麥饅頭.........1/2個

調味料
鹽....................1/4小匙
橄欖油.............1小匙

作法
1. 將美生菜洗淨，剝小片備用。
2. 取一不沾鍋熱鍋，倒入橄欖油燒熱，打入1個雞蛋，煎熟後，均勻撒上少許鹽，盛起備用。
3. 取1/2個全麥饅頭於中間橫切成二片，夾入作法1的美生菜及作法2的荷包蛋即可。

163. 薏仁豆漿

材料
薏仁粉.............1大匙
無糖豆漿........240cc

作法
將無糖豆漿以中火煮至溫熱，加入薏仁粉攪拌均勻，以小火續煮約1分鐘即可。

每日套餐
Friday

390 kcal

美**味**加**分**點　　　[無糖豆漿]

材料：黃豆1杯、水6杯
作法：將黃豆洗淨，加水3杯浸泡1夜後，用果汁機高速打成泥狀，倒入鍋中再加3杯水以中火加熱，煮至即將沸騰時必須小心加以攪拌，煮沸後過濾除渣即可。

164. 什錦果麥牛奶

材料
什錦果麥 ………2大匙
低脂鮮奶 ………240cc

作法
低脂鮮奶以微波爐加熱成溫熱的鮮奶
後，倒入2大匙什錦果麥，攪拌均勻
即可。

每日套餐
Saturday 410.7 kcal

165. 水果起司餅乾

材料
奇異果................... 2片
小蕃茄................... 1個
罐頭鳳梨............... 2片
香菜....................... 2片
低脂起司............... 1片
全麥蘇打餅乾.... 4片

作法
1. 奇異果洗淨、去皮，切成2圓薄片；小蕃茄洗
淨，橫切成4小片；罐頭鳳梨切小片；香菜洗
淨，摘2片葉；低脂起士片切4小片備用。
2. 在2片全麥蘇打餅乾上，依序鋪上作法1的起
士、奇異果片、小蕃茄片；另2片全麥蘇打餅
乾上，依序鋪上起司片、罐頭鳳梨片、小蕃茄
片及香菜葉即可。

166. 焗烤馬鈴薯

材料

馬鈴薯1個（約180公克）、乳酪絲1大匙

調味料

黑胡椒粒少許

作法

1. 馬鈴薯洗淨、去皮，對切成兩半。
2. 將作法1的馬鈴薯放入已預熱5分鐘的烤箱中，以上下火各為220℃烤約20分鐘後取出，撒上乳酪絲，再放回烤箱中烤約15分鐘至熟透，食用前，撒上少許黑胡椒粒即可。

每日套餐
Sunday

418.9 kcal

167. 蝦仁蔬果沙拉

材料

蝦仁30公克、奇異果30公克、火龍果30公克、黃蕃茄3個（約35公克）、紫色高麗菜20公克、苜宿芽5公克、美生菜20公克、低脂優格1/4杯（60公克）

作法

1. 蝦仁洗淨，挑去腸泥，以沸水汆燙至熟；奇異果洗淨、去皮，切成圓片；火龍果洗淨、去皮，切丁；黃蕃茄洗淨；紫色高麗菜洗淨瀝乾，切細絲；苜宿芽洗淨；美生菜剝片狀備用。
2. 將作法1的材料依序放入盤中，均勻淋上低脂優格即可。

168. 木瓜牛奶

材料

木瓜.............100公克
脫脂鮮奶........240cc

作法

1. 木瓜洗淨、去皮、去籽，切成小塊備用。
2. 將作法1的木瓜及鮮奶一起放入果汁機中，拌打約20秒即可。

19種
麵包抹醬

實用抹醬的神奇力量，只吃麵
包也能變得津津有味！

法國麵包的樸實風味

在法國只用麵粉、水與酵母來做法國麵包，所以法國麵包的口味也多趨於樸實原味，如果在麵糰中加入不同的雜糧穀類或堅果，烘烤而成的麵包也別有一番健康自然的風味。此外因為法國麵包講求原味，所以也很適合於再製成其它鹹甜口味的單品，例如將法國麵包切片沾裹牛奶蛋汁去煎烤，或者加入布丁液中烤成布丁麵包，都是很簡便的變化方法。也可以在切半後，夾入起司、生菜、蕃茄片等，做成潛水艇三明治。只要用點巧思，法國麵包也是百吃不膩的好口味。

食譜示範：陳明裡

DELICIOUS

169.
可可奶油醬
將奶油200公克放在室溫下軟化備用。將巧克力醬與軟化的奶油一起混合攪拌均勻即可。

170.
杏仁奶油醬
將奶油200公克放在室溫下軟化備用。將杏仁露1大匙、杏仁角30公克、果糖50公克，與奶油一起混合攪拌均勻即可。

171
椰香奶油醬
將奶油100公克放在室溫下軟化備用。將椰乳粉20公克、糖粉20公克、椰子粉1大匙，與奶油一起混合攪拌均勻即可。

172.
抹茶麵包醬
將奶油100公克放在室溫下軟化備用。將抹茶粉2大匙、糖粉20公克，與奶油一起混合攪拌均勻至抹茶粉完全溶化即可。

深具嚼勁的美味貝果

　　貝果最大特色就是麵糰在烘烤之前先用沸水略煮過，經過這個步驟產生了貝果特殊的韌性與風味。貝果的吃法很簡單也很多樣，果醬、奶油、Cream Cheese都很搭，用刀從貝果的側面將貝果剖分成兩半，然後夾入一大片奶油乳酪(Cream Cheese)，接著放入烤箱中用攝氏220～250度烤約1分鐘即可(注意烤之前烤箱最好先預熱，烤的時間不可以太久以免奶油乳酪溶化)，和麵包抹醬一同在口中咀嚼，嚼越久越香甜。

　　Bagel除了特殊的風味與嚼勁，它低卡低熱量、零膽固醇的特性，更是時下追求健康風的主流食品。此外它還有便於攜帶、冷凍後微波或烘烤皆可的方便性，又因為低熱量，所以還能做減肥餐來食用，這麼多優點就是貝果可以迷倒眾生的原因吧。

食譜示範：陳明裡

麵包抹醬

173. 香蕉乳酪醬

把1/2個檸檬擠汁備用。將香蕉1條切成細丁，再把檸檬汁與香蕉丁拌勻，避免香蕉褐化變黑。最後把原味Cream Cheese125公克、優格1大匙一起加入，混合攪拌均勻即可。

174. 檸檬乳酪醬

將1個檸檬擠成檸檬汁備用。把優格50公克、糖粉60公克、檸檬汁及200公克的原味Cream Cheese一起混合攪拌均勻即可。

FRESH

175. 鳳梨優格醬

將2片乾鳳梨片切成細小丁狀，與100公克優格、30公克糖粉，及100公克原味Cream Cheese混合攪拌均勻即可。另外也可以加入切成細丁的罐頭鳳梨片，以增加濕潤的口感。

176. 橘子乳酪醬

將1個新鮮柳橙的外皮削下，切成碎末，與2大匙柳橙濃縮原汁、100公克原味Cream Cheese混合攪拌均勻即可。

可豐富可簡單的漢堡吃法

漢堡圓嘟嘟的外形，上面再點綴少許的白芝麻，鬆鬆軟軟的質感，讓人看了就忍不住地想咬一口，不過，漢堡餐包很少直接拿來當作麵包吃，通常都是將麵包橫切一半，中間再夾入其他食材一起食用。中間的食材常見的有漢堡肉、魚排、雞排、番茄片、起司片、生菜等等，另外，還要選擇適合的醬料，像是芥末醬、沙拉醬等等，讓麵包跟食材間呈現最完美的滋味。

漢堡是種可豐富可簡單的食物，取決於中間夾入的食材，可以簡單的只夾火腿片、蛋片，也可以豪華地加入了好幾層的漢堡肉、生菜、番茄片、起司片、酸黃瓜等，滿足了食客不同的喜好及需求。

食譜示範：陳明裡

177.
藍莓美乃滋
將美乃滋150公克及藍莓醬150公克一起拌勻即可。

COLORFUL

178
鳳梨蜂蜜美乃滋
將美乃滋200公克、鳳梨汁20cc及1/2大匙的蜂蜜、1/2個紅石榴的籽一起拌勻即可。

179.
柳橙美乃滋
將美乃滋150公克及濃縮柳橙汁50cc一起混合攪拌均勻即可。

180.
香蕉泥美乃滋
將香蕉去皮後壓成泥狀，取出70公克，擠入少許檸檬汁拌勻，避免香蕉褐化變黑，再把香蕉泥及美乃滋100公克一起拌勻即完成。

可營造無限風情的土司麵包

　　土司麵包屬於軟質麵包，最常被用來製作三明治。四邊形平整的土司，是使用一種加蓋的方形烤模所製作出來的「Pullman」的美式麵包，原味且口感細緻，可搭配各種口味抹醬。而山型土司則屬於英式麵包，是外表金黃，內部純白色的小麥土司，原來是使用一種名為「提恩」的模型所烘烤而成，因此也稱為提恩麵包。英國盛產小麥，所以白麵包種類非常多，而美國盛產穀類，土司麵包也多添加全麥、燕麥等一同製作。

　　除了單純的塗上抹醬，土司麵包也可以用來做麵包布丁，或是用桿麵棍桿平當作派皮，加入餡料一起烘烤。土司如果放太久風味不佳了，可以把土司放入果汁機中打碎成麵包粉，乾燥保存，當作炸物的外皮亦可。

食譜示範：陳明裡

麵包抹醬

181.
酪梨松子醬

先把酪梨的果肉取出，秤出100公克備用。把20公克松子放入烤箱中稍微烤香，取出後和酪梨、10公克羅勒菜、20cc橄欖油、6公克的帕馬森起司、10cc檸檬汁及少許的鹽、胡椒粉一起用果汁機打成泥狀即可。

182.
薯泥抹醬

蕃薯蒸熟後壓成泥，取出180公克，和蛋黃1個、奶油30公克、鮮奶油50公克、鹽1/2小匙、肉桂粉1/2小匙一起拌勻，放入鍋子中，用小火慢慢熬煮至熟，煮的時候要不時攪拌，煮好取出即可。

PLENTIFUL

183.
栗子醬

把10顆糖漬栗子切成細丁備用。再把栗子丁、3公克抹茶粉、90公克鮮奶油一起混合攪拌均勻即可。

184.
牛奶馬鈴薯泥

將2個水煮蛋的蛋白及蛋黃分別切碎備用。把200公克的馬鈴薯泥和100cc的牛奶拌勻，先加入蛋黃丁拌勻，再加入蛋白丁及少許的鹽、胡椒粉、黑胡椒粒一起攪拌均勻即可。

185. 花生抹醬

材料
奶油.............200公克　　花生粒.............1大匙
花生醬.........100公克　　鹽.....................少許

作法
1. 將奶油放在室溫下軟化備用。
2. 把奶油、花生醬、花生粒及少許鹽一
   起混合攪拌均勻即可。

食譜示範：陳明裡

186. 蒜香抹醬

材料
蒜仁.................30公克
巴西里葉.........3公克
無鹽奶油.......80公克

作法
將蒜仁及巴西里葉洗淨切
碎後，再與無鹽奶油混合
拌勻即可。

食譜示範：李德全

187. 椰子抹醬

材料
椰子粉............5大匙
細砂糖............1大匙
全蛋....................1顆
無鹽奶油.........1大匙

作法
將椰子粉、細砂糖、全蛋、及無鹽
奶油等材料混合攪拌均勻即可。

食譜示範：李德全

13種
速配飲料

早餐最受歡迎的飲料，自己做
更健康！

食譜示範：江麗珠

188.甜豆漿

材料

黃豆......................300公克
水............................3000cc
棉白糖........................適量

早餐·Tips

豆漿煮好放涼後,最好立
刻放冷藏冰存,否則夏天
氣候太過炎熱,容易發酵
變質,可冷藏約一星期的
時間。

作法

1. 將瑕疵不良的黃豆挑除後,用水沖洗乾淨,再將洗淨
   的黃豆泡水約8小時備用(注意水量須蓋過黃豆)。
2. 將泡好後的黃豆水倒掉,再次把黃豆沖洗乾淨,放入
   果汁機中,加入1500cc的水,按下開關,攪打成漿。
3. 取一紗布袋,裝入作法2的豆漿,藉由紗布袋濾除豆
   渣,擠出無雜質的豆漿。
4. 取一深鍋,裝入剩餘的1500cc水煮滾,再倒入作法3
   的豆漿,用大火將豆漿煮至冒大泡泡。
5. 改轉小火續煮約10分鐘,直到豆香味溢出後熄火。用
   濾網將煮好的豆漿過濾,去除殘渣,即為原味豆漿。
6. 取杯,加入適量的棉白糖,再倒入作法5的原味豆漿攪
   拌均勻,即為甜豆漿。

食譜示範：江麗珠

189. 鹹豆漿

材料	
原味豆漿	500cc
蘿蔔乾	100公克
蝦皮	30公克
油條	1/4條
蔥花	10公克

調味料	
A 糖	少許
B 白醋	1小匙
香油	1/4小匙
醬油	少許
鹽	少許

作法

1. 蘿蔔乾洗淨、瀝乾，入鍋炒乾水份，並加糖炒勻，盛起備用。
2. 蝦皮沖洗、瀝乾水份，入鍋炒至香味溢出後（注意一定要炒香，否則會有蝦腥味）盛起備用。
3. 油條切小段備用。
4. 取一碗，裝入作法1的蘿蔔乾適量、作法2的蝦皮適量、作法3的油條與蔥花，再倒入熱的原味豆漿，最後加入所有調味料B拌勻即可。

190. 花生米漿

材料

蓬萊米	200公克
花生仁	50公克
水	4000cc
二砂糖	200公克

作法

1. 蓬萊米洗淨，泡水約3小時。
2. 瀝乾作法1的蓬萊米，備用。
3. 取一炒鍋，加熱後放入花生仁。
4. 將花生仁不斷拌炒，炒至呈咖啡色後取出備用。
5. 將作法2泡過的蓬萊米、作法4炒熟的花生仁，放入果汁機中。
6. 再於果汁機中加入1500cc的水，按下開關，攪打成漿（作法5、6可分二次攪打）。
7. 取一鍋，加入剩餘2500cc的水煮滾後，再倒入作法6打好的花生米漿拌煮。
8. 將作法7以中火邊煮邊用打蛋器攪拌，煮至滾沸。
9. 沸騰後轉小火，一邊攪拌一邊加入二砂糖，續煮約5分鐘至糖融化即可。

食譜示範：江麗珠

191. 簡易花生米漿

材料

白米	40公克
熟花生仁	30公克
水	500cc
細砂糖	4大匙

作法

1. 白米洗淨後用150cc的水浸泡約4小時後與熟花生仁一起放入果汁機中，蓋上杯蓋。
2. 按高速鍵打約2分鐘成稀糊狀後倒出備用。
3. 將剩餘的350cc水煮至滾沸後，改轉小火，並將作法2的米糊慢慢倒入鍋中，並快速拌勻至滾沸呈稠狀，再加入細砂糖拌勻即可。

〔早餐・Tips〕

喜歡喝米漿的讀者有福了，在家用果汁機就可以立即打出香味濃郁又好喝的米漿，製作的份量不用多，而且現打現煮的米漿香氣口感，絕對是外面市售無法相較的。

食譜示範：李德全

192. 糙米漿

材料

糙米	100公克
熟花生仁	20公克
水	1800cc
二砂糖	100公克

作法

1. 糙米洗淨，泡水約6小時備用。
2. 將作法1的糙米瀝乾放入果汁機中，並加入熟花生仁及800cc的水，攪打成漿。
3. 取一鍋，加入剩餘1000cc的水煮滾後，再倒入作法2打好的糙米漿拌煮。
4. 將作法3以中火煮至滾沸後，轉小火續煮約10分鐘，邊攪拌邊加入二砂糖，拌煮至糖融化即可。

食譜示範：江麗珠

193. 杏仁茶

材料

杏仁霜20公克、水500cc、奶水50cc、細砂糖60公克、太白粉水2大匙

作法

1. 取一湯鍋，加入水和杏仁霜，轉中火，一邊煮一邊攪拌至滾沸。
2. 在滾沸的作法1中加入細砂糖後轉小火，接著以太白粉水勾薄芡，再加入奶水拌勻即完成。

[早餐·Tips]

若是買杏仁回家自己打粉，則需注意購買的杏仁種類，用來製作杏仁茶的杏仁是指中藥行賣的那種有香味的杏仁，而不是一般的杏仁果，那是沒有香味的。

食譜示範：李德全

194. 精力湯

材料

苜蓿芽	1杯	高麗菜	1杯
石蓮花	1杯	紅蘿蔔	1杯
蘋果	1杯	綜合穀類粉	1大匙
鳳梨	1杯	開水	100cc

作法

將以上所有材料放入果汁機中攪打均勻呈汁即可。

食譜示範：白錦霞

195.熱奶茶

材料
水500cc、紅茶茶包2個（約4公克）、粉狀奶精30公克、二砂糖20公克

作法
1. 取鍋，將水煮至沸騰後，立即倒入準備好的杯中。
2. 將茶包緩緩從杯緣放入步驟1中。
3. 將杯蓋蓋上，燜約5分鐘後取出茶包。
4. 再加入粉狀奶精和二砂糖調味即可。

食譜示範：陳同興

196.冰奶茶

材料
水500cc、紅茶茶包2個（約4公克）、液態奶精30cc、冰糖20公克

作法
1. 取鍋，將水煮至沸騰後，立即倒入準備好的杯中。然後將茶包緩緩從杯緣放入。
2. 將杯蓋蓋上，燜5分鐘，待燜泡時間到先取出茶包，再加入液態奶精和冰糖調味即可。
3. 放置於室溫，待其自然冷卻即可放入冰箱。

食譜示範：陳同興

197.鴛鴦奶茶

材料
水............................350cc
紅茶茶包........................1個
奶水...........................150cc
三合一即溶咖啡粉.....15公克
白砂糖........................10公克

作法
1. 取鍋，將水煮至沸騰後，立即將250cc熱水倒入準備好的杯中，先將茶包緩緩從杯緣放入後，再將杯蓋蓋上，燜約5分鐘後取出茶包。
2. 將即溶咖啡粉放入杯中，加入100cc熱水拌溶後，再倒入作法1、奶水及糖調勻即可。

食譜示範：陳同興

198. 泡沫檸檬紅茶

材料

基底紅茶350cc、檸檬汁60cc、蜂蜜
60cc、檸檬圓片1片、冰塊適量

作法

1. 取一成品杯裝入適量冰塊備用。
2. 在雪克杯中加入冰塊至滿杯。
3. 於作法2雪克杯中加入檸檬汁、蜂蜜。
4. 再倒入基底紅茶至9分滿。
5. 蓋上蓋子搖勻，倒入成品杯中，再加入檸
   檬圓片裝飾即可。

美|味|加|分|點　　　　　[基底紅茶]

材料：紅茶茶葉、100℃熱水
比例：水：茶葉= 1：35
（例如要泡1000cc的基底茶就用1000÷35＝28.5
公克茶葉量）
作法：茶葉放入鍋中，沖入100℃的熱水蓋蓋子燜
　　　泡7分鐘，時間到時將茶湯過濾即可。

食譜示範：陳同興

199. 紅茶拿鐵

材料

紅茶包	3包
100℃熱水	200cc
鮮奶	200cc
果糖	45cc
冰塊	適量

作法

1. 在雪克杯中加入100℃的熱水200cc，放入
   3包紅茶包後蓋上蓋子泡約5分鐘。
2. 取出作法1茶包，加入冰塊至約8分滿，倒
   入果糖，蓋上蓋子搖勻。
3. 打開雪克杯濾出紅茶（冰塊斟酌倒入），
   倒入成品杯中，再緩緩倒入鮮奶即可。

食譜示範：陳同興

200. 奶霜綠茶

材料

香草冰淇淋3大球、液體鮮奶油300cc、基底
綠茶350cc、果糖45cc、冰塊適量

作法

1. 先將香草冰淇淋、液體鮮奶油倒入鋼盆
   中，用打蛋器打成濕性發泡備用。
2. 取一成品杯裝入適量冰塊備用。
3. 在雪克杯中加入冰塊至滿杯。
4. 再加入果糖，倒入基底綠茶至9分滿。
5. 蓋上蓋子搖勻，倒入成品杯中約7分滿，
   最後加上奶霜即可。

美|味|加|分|點　　　　　[基底綠茶]

材料：綠茶茶葉、85℃熱水
比例：水：茶葉= 1：35
（例如要泡1000cc的基底茶就用1000÷35＝28.5
公克茶葉量）
作法：茶葉放入鍋中，沖入85℃的熱水蓋蓋子燜泡
　　　7分鐘，時間到時將茶湯過濾即可。

食譜示範：陳同興

127

199種健康早餐（修訂版）

©2011 by楊桃文化YTOWER PUBLISHING INC.

2011年5月20日出版・2011年5月20日初版1刷

2011年9月10日再版1刷

定價168元　EAN：4711213294815

編輯總監／張志華

主編／李信宜

美術主編／林俊良

美術編輯／賴佩其・鍾雅惠・陳瑾儀

攝影／楊桃文化

食譜及圖片提供／楊桃文化

發行人／蔡秉釗

業務經理／蔡齡儀

行銷企劃／蔡孟翔

會計部／吳桂珍

業務助理／曹時娉・賴妍伶・林于洋・徐文昭

發行部／馮天平・沈威同

資訊部／彭賢生・蔡偉崙

總經銷／聯合發行股份有限公司

出版發行／楊桃文化事業有限公司

發行所／台灣104台北市南京東路1段16號506室

電話／(02)2581-9088　傳真／(02)2560-4997

506.No.16,NANKING E.ROAD,SEC.1,TAIPEI 104,TAIWAN

E-mail：service@ytower.com.tw

網址：www.ytower.com.tw

TEL／886-2-2581-9088　FAX／886-2-2560-4997

印製／威鯨科技有限公司

登記證／行政院新聞局出版事業登記證

局版北市業字第1007號

法律顧問／捷昇法律事務所・張有捷律師

TEL／(02)2812-6146　　FAX／(02)2812-3418

郵政劃撥帳號／19056522

郵政劃撥戶名／楊桃文化事業有限公司

客服專線／(02) 2311-2338　　客服傳真／(02)2311-2337